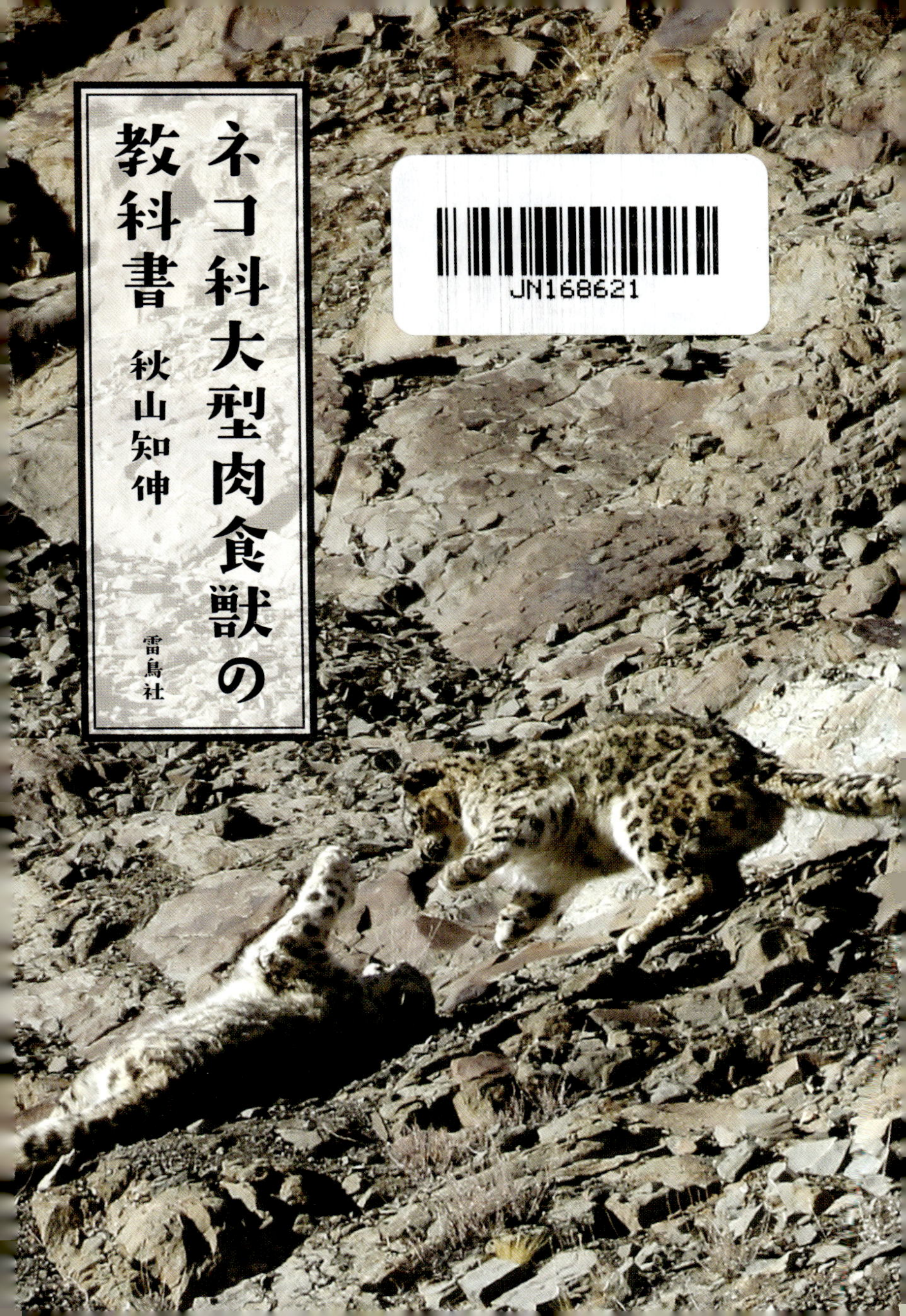

ネコ科大型肉食獣の教科書

秋山知伸

雷鳥社

JN168621

ベンガルトラ

カラハリのチーター

木登りライオン

ジャガー

カラハリのヒョウ

ブルーシープを狙うユキヒョウ

ユキヒョウの狩り

ユキヒョウ

インドライオン

はじめに

私は患っている腹痛のために温かいシュラフの中からテントの外にあるトイレへ向かうかどうか迷っている。正直に言うと時は一刻を争う。誰が好き好んで真冬のインド、ラダック州のヒマラヤ山脈、標高3800メートルの地、マイナス20度以下の凍てつくような寒さの中でテントを張って過ごそうとしなければならないのか。しかも三度目だ。トイレは深さ30センチの掘った穴で遮るものもなく、マイナス20度でお尻を外気に晒すのは、公衆の面前でお尻を晒すよりも勇気が必要だ。

ある意味すっかりたくましくなった私だが、小学校の頃は同級生に貧弱と呼ばれていた。友達はクワガタやアリ、図鑑に載っている動物で、ヒト科の友達はほとんどいなかった。シートン動物記やファーブル昆虫記を読み、戸川幸雄や椋鳩十の小説を読んだ。空想の中でライオンになって、ヌーを狩り、またある時はハキリアリになって重い葉を運んだ。驚いたことに、アリという小さな虫にもかかわらず、運んだ葉でキノコを

【ラダック】
インドのジャンムー・カシミール州東部の地方の呼称。チベット文化に属する。

育て畑まで作るという。図鑑の中は発見と驚きの宝庫である。そんな中にユキヒョウという動物の存在を知った。その美しさに心を奪われ、好きな動物の1種となった。その後、導かれるように「運命の動物」になっていく。

ユキヒョウは出会うことの難しさから映画や小説の題材にも扱われていて幻の動物のシンボルになっている。

これまでに撮影された場所を調べ現地にメールで問い合わせた。ユキヒョウの情報を集め、ユキヒョウを探しに現地に赴く。

もちろんその場所に着いた時にはユキヒョウはどこかへ消えているかもしれないが……。

そんなことをしていたらあっという間に7年間が過ぎ、同じ事を三度繰り返していた。そして今日は合計で45日目のマイナス20度以下のキャンプである。テントから出るのに迷っている。さてどうしたものか。

すると外から得体のしれない呻き声とともに「アーウ　アウ　アウ」

……。

ネコの繁殖期の声を低くしたような鳴き声が聞こえる。そんなに遠くない。ユキヒョウ以外には考えられない。

「対岸斜面にいる！」寒さも（下痢も）忘れテントから飛び出す。満点の星空に圧倒されるが、ユキヒョウの声がする方向は漆黒の闇である。対岸斜面にいるはずなんだけれど……とふと我に返った時、興奮して外にとび出した瞬間、お尻に湿り気を感じたのは内緒である。この寒さで液体はすぐに凍りつき臭いは消える。完全犯罪も難しくはない。

水筒

写真・秋山知伸
イラスト・植木ななせ／石川遼

Q ネコってどんな生き物?

A

一般に〝ネコ〟とはイエネコのことです。古来より、イヌの次にヒトと一緒に生活し、ペットとして世界中で飼われています。

ヤマネコ

このイエネコは最近まで *Felis catus* として分類学上の種として分類されていましたが、今は *Felis silvestris catus* となりました。さらにネコの原種ではないかというヨーロッパヤマネコとリビアヤマネコをヤマネコという一つの種 *Felis sivestris* にまとめています。ミトコンドリアDNAの研究によればイエネコは中東のリビアヤマネコから派生したと言われています。

つまりイエネコはヤマネコの亜種となっています。でも、ヤマネコも「ネコ科に属する」という意味ではネコ。イエネコを表す狭義のネコと、ライオンまで含むネコ科を表す広義のネコが、日本では、特別に区別をすることもなく用いられています。分類や生物学的なことは関係なく、ネコは可愛くて、格好良くて、愛らしくて、魅惑的だと思うのです。

Q
どうしてネコを飼うようになったの？

A

「飼う」というより共存し、日常生活の良きパートナーとされてきたようです。

イヌはヒトが狩り生活をする時の協力相手として、共に暮らし始めたと考えられています。

一方、ネコの方はヒトが畑作を始め、その収穫物を保存することによってネズミ被害に対処できなくなった頃にネズミを食べにきたヤマネコとの共同生活が始まったと考えられています。キプロス島の遺跡より9000年以上前から飼育されていたことがわかりました。いずれにしろ古く長い付き合いがあるのですね。

Q ネコって鼻はきくの？

A

ネコは主に視覚で獲物を探します。

イヌは人間の100万倍も鼻がいいと言われています。一方、ネコは主に視覚で獲物を探します。イヌほど嗅覚は発達してはいませんが、それでもヒトよりはかなりききます。一般的にネコの嗅覚は哺乳類の中間くらいと言われています。

また多くの哺乳類は第二の嗅覚とも言われるヤコブソン器官を持っています。ネコがヤコブソン器官を用いて「におい」を感じる時、目を細めて口を半開きにする独特の顔をします。この行動をフレーメンと言いネコ科の特徴の一つです。同種他個体との情報交換をしていると言われていて、このヤコブソン器官はイヌよりもネコの方が発達しています。

Q
ネコは目がいいの？

A

どうやら、飼いネコは0・3くらいらしいです。

飼いネコの視力は0・3くらいと言われていて、そんなに良くありません。その代わり、動体視力と集光力に優れていると言われています。待ち伏せしながら草の中で動くネズミを瞬発力で狩るので、10メートル範囲内のネズミの動きが分かり、距離が正確に測れればいいのです。数キロ先の獲物を狙う必要がありません。

一方で、アフリカの草原でチーターやライオンを観察していると、ヒトの肉眼では見えないような草食動物を見ていると思われる行動がしばしば見られます。ユキヒョウも尾根上から数キロ先のブルーシープをじっと見ていることがあって、かなり目は良いと思われます。

Q

ネコ科はみんなツメをしまえるの？

A

チータ以外は隠しています。

ネコ科は、前足に5本、後足に4本のツメがありますが、チーター以外は普段は見えません。もし身近にネコがいたら足を見てみましょう。普通に歩いている時は見えませんが、足をそっとつかんで軽く押すとツメがニュッと出てきます。まるで刀を鞘に収めるように、指にツメをしまっているのです。

このツメがあるおかげで、身軽に木に登ったり、獲物を捕らえることができます。また、一般的にネコ科の後ろ足の筋肉は前足より発達していて、太く力強いです。特に雄のトラは上半身も発達していて雄同士の縄張り争いの際は、前足を使ったネコパンチならぬトラパンチの激しい攻防戦が繰り広げられます。

Q
大型ネコって何を指しているの？

A

ライオン、トラ、ジャガー、ヒョウ、ウンピョウ、ユキヒョウ、チーターです。

アニマという雑誌の大型ネコ特集号において、ヒョウ亜科とチーター亜科を大型ネコとして扱っていました。かつてネコ科は、ネコ亜科 *Felinae* とヒョウ亜科 *Pantherinae* とチーター亜科 *Acinonychinae* の3亜科だけに分類されていました。

つまり、ライオン、トラ、ジャガー、ヒョウ、ウンピョウ、ユキヒョウ、チーターの7種類を大型ネコとしています。このアニマの雑誌の印象は少年の私にはっきりと残っていて、遺伝的な研究によって分類系統が変わった今でも大型ネコと言えば私にとってこの7種なのです。

【和名】トラ
【英名】Tiger
【学名】*Panthera tigris* (Linnaeus, 1758)
【全長】（雄）270 〜 370cm（雌）240 〜 275cm
【体重】（雄）180 〜 306kg （雌）100 〜 167kg
【分布】インド、インドネシア（スマトラ島）、タイ、中国、ネパール、バングラディシュ、ブータン、マレーシア、ラオス、ロシア

トラの章

トラは大きなネコのような動物である。もちろんネコとは種類は違うが同じネコ科に属するという広義の意味でネコである。そしてライオンやトラからネコまでのネコ科の特徴は一見してネコだと分かることかもしれない。トラの全長は雄だと270〜370センチにもなり、シベリアトラでは体重は300キロを越えるものもかつてはいたという（現存するシベリアトラはそこまで大きくない）。

単独では地上最強の生き物とも言われ、その体重を有しつつも、足音を立てずに森を歩き獲物に近づく。動きはネコにそっくりで（同じネコ科なので当然であるかもしれないが）、実際体のあちらこちらを毛繕いもするし、伸びもする。大きな体にもかかわらず動きは大変しなやかだ。しかし、いわゆるネコと違い水浴びが好きである（ネコ科の中には水好きな種類も多い）。

そして、ネコ科の大きな特長であるヒゲ、特にトラのものは硬く長く本数も多い。

トラは1種であるがIUCNのレッドリストによると9亜種に分けら

【シベリアトラ】アムールトラともいう。トラの一亜種。

れる。しかしバリ島に生息したバリトラは1930年代まで記録があったが、第二次世界大戦頃に絶滅した。バリのお隣のジャワ島のジャワトラは1970年中頃に絶滅したと考えられている。

スマトラ島に生息する亜種のスマトラトラは推定342~509頭、中国南部のアモイトラは1950年代に推定4000頭だったが、最後の記録が1970年代で、今は絶滅したとされている。

マレー半島のトラは最近になって遺伝の研究から別亜種になった。2013年の調査で250頭~340頭と推定される。

東南アジアのミャンマー、タイ、ラオス、ベトナム、カンボジアに生息する亜種の ***Panthera tigris ssp. corbetti*** は情報が少ない亜種であるが2500頭をかなり下回ると推測される。各国の ***corbetti*** の野生下確認数を足すと 342頭=タイ（200頭）、ミャンマー（85頭）、ベトナム（20頭）、カンボジア（20頭）、ラオス（17頭）と絶滅に瀕している。

ロシア極東の亜種であるシベリアトラは1930年代に30頭になったが、現在は野生下に360頭いるとされる。カスピ海からイランにかけ

【IUCN】International Union for Conservation of Nature and Natural Resorces（国際自然保護連合）1948年に創設された国際的な自然保護団体。レッドリストの作成、ワシントン条約の設定、世界遺産の設定の調査などを行う。

て生息した亜種のカスピトラも1970年代に絶滅。私が生まれる前にバリトラは絶滅し、生まれてからこの年になるまでにアモイトラ、ジャワトラ、カスピトラは絶滅してしまった。マレートラ、スマトラトラ、シベリアトラの3亜種も500頭以下であるから10年以内に絶滅しても不思議はない。

しかしインドに生息するベンガルトラだけは明るいニュースを聞いていた。1973年には推定1827頭だった野生のトラの数もプロジェクト・タイガーという政策がインドのインディラ・ガンディーの下で始まり、住民を移動してまでトラの保護区を作り、1989年には推定4334頭までに増えているそうだ。

それがである。ユキヒョウを探そうとは思っていなかった8年前、ふと手に取った新聞に2006年のインドのベンガルトラの個体数推定値が1411頭と書かれていた。

「ベンガルトラは4000頭以上のはずではないか?」と焦りを感じた。

【インディラ・ガンディー】インド独立の指導者ネルーの娘で、1966年に首相となる。1984年シク教徒に射殺される。

少し調べると、国立公園の担当官がトラの個体数が減ってしまうと首を切られるかもと虚偽報告を長年にわたりしていたことが分かり、再度、一斉に数え直しが行われたという。その結果、とても減っていた。中国が高いお金で漢方薬のためにトラの骨や臓器を買い付けにくるという情報もある。中国の経済発展によってトラへの圧力は強くなっているとも。「今、見に行かなければ野生のトラは一生見られなくなってしまうのではないか?」私はなけなしの貯金に手を付けてカメラとインドへの航空券を購入した。

11月26日

バンダウガル国立公園の近くで宿をとり、まだ日が昇らぬ内に公園のゲートに並ぶ。インドに来てから11日目。最初にカーナ国立公園に行ったが満足にトラを見ることはできなかった。

観光客の車が、何十台も横にずらっと並んでいる。すべてスズキのジムニーのような車で、後部座席から荷台には屋根がなく観光客を乗せる椅子が取り付けてある。朝はフリース1枚を着ていても寒い。

午前10時、気温が上がり始め、生き物が休憩する時間だ。3時間ほどトラを探したが見つからず、今日は諦めなければならないかと思い始めた……そんな時、車上から沙羅の樹に泊まるフクロウを見つける。ウオミミズクという種である。

休むフクロウをしばらく見ていると、背後でサンバーの警戒声が響く。同時にハヌマンラングールというサルの群れがギャッギャッと叫び始めた。

「トラが来た！　トラだ！　トラだ！」と森がざわめく。

【ウオミミズク】名前の通り魚を主食とするフクロウである。日本にもいるシマフクロウと近縁。

【サンバー】東南アジアを代表するシカの仲間で別名スイロク（水鹿）。スバルの軽自動車「サンバー」はこの種名に由来している。

【ハヌマンラングール】インドの神話に登場する神ハヌマーンの使いともされる。灰褐色の体毛を持つサル。

ハヌマンラングール

森全体が緊張する、という感覚を感じたのはこの時が初めてかもしれない。サンバジカの声がする方向へ車で200メートルほど移動する。数分の間に警戒声を聞きつけた他の観光客を乗せた車が集まってくる。細い道に数十台の車が縦列駐車で並ぶ。さらにしばらくすると人を乗せたゾウが3頭やってきて、悠々と森の中に入っていく(追加料金を支払えばゾウの背中に乗り、森の中でトラを見られるというシステム。よりお金を払えば、より近くで見ることができる)。

ガイドでもあるドライバーが指し示す方向を双眼鏡で見ると、草の中を動くトラの耳が見える。トラの耳の後ろは黒に白で、遠くからでも目立つ。子トラが母親を追いかけやすいようにそのような配色になっているとも言われている。

「いつもこのトラはここで道を渡るから、ここで待つべきだ」とドライバーは言う。すると、こちらに向かってくるトラの体の一部が見える。

200メートルまでトラが近づく。手前の叢が邪魔でトラは体のほんの一部しか見えない。「こんなに興奮したのはいつ以来だろうか? 小学生の時に大きなクワガタを捕まえた時以来かもしれない」

100メートルまでトラは近づく。一瞬だけ目元が見える。心臓が高鳴る。あと少しでカメラで撮影できる距離に入った。

50メートルまでトラは近づく。ファインダーの中でトラの姿が徐々に大きくなる。「なんと美しく優雅なのだろう！」シャッターを切る。

20メートルまで近づくとさすがに恐怖を感じ始めた。トラが、その気になれば一跳びで餌食になるだろう。震える手を押さえながらカメラのシャッターを押す。心臓の鼓動で、カメラが動く。「落ち着くのだ！」自分に言い聞かせる。「このトラは、いつも観光客の

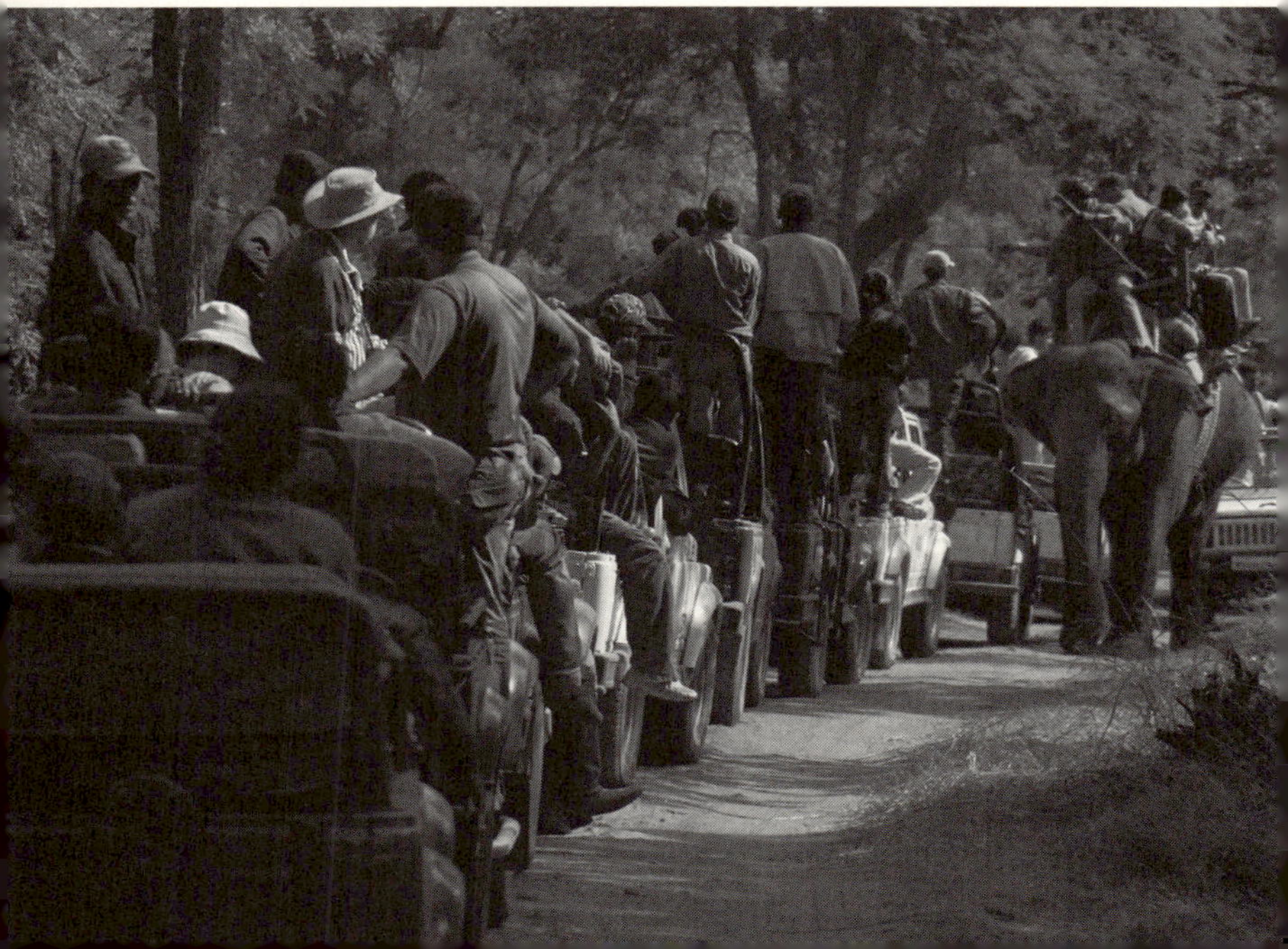

集まるこの場所を縄張りにしている。縄張りを確保できる力を持っているトラは人喰いトラにはならないと言うではないか。いままで観光客を襲った例はない。大丈夫だ！」

10メートルまでトラは近づく。ファインダーにトラは入るが望遠レンズではピントがあわない。まっすぐに私の方に向かってきている。「もう近すぎる！」カメラを置き、ただ見ることにする。

とうとう5メートルまで距離は縮まる。車のバンパーにを触れそうなほど近くをトラが歩いている。こちらのことはまったく気にしていない。触れることもできそうに感じる……。

トラが前を通過する。遠ざかる後ろ姿を見ながら「あ～食べられなかった」と自分が安堵していることに気づいた。車を停めた位置がちょうど水浴び場へのルートであることをドライバーは知っていたのだ。

バンダウガル国立公園で観光客が立ち入りできる区域には、4個体の雌のテリトリーと、それを治めるように1個体の雄のトラのテリトリーがある。つまり、観光客が見ることのできる大人のトラは5個体だけで、雄は1頭しかいない。その雄個体の名前がB2である。

B2はチャージャーとモーヒニというトラの間に生まれた。3兄弟だったからB1、B2、B3と名付けられたそうである。安易な名前であるが、B2は巨大なトラに育った。母トラのモーヒニはチャージャーとシータの間に生まれた娘である。シータはトラの保護政策が始まって、人間が危害を及ぼすものではないと気づいたはじめての雌、伝説的なお母さんトラだ。そのためジープが近づいても隠れることもなく、BBCやそのほか多くのテレビ番組の主役になった。チャージャーは観光客の車によくチャージをかけたことからその名が付いた。10年というトラとしては異例に長い間、バンダウガルの覇権を握っていたが、息子のB2との闘いに敗れその座を譲った。B2も10年間も覇権を維持している。その森の王にぜひ謁見してみたいものだ。その話を聞きながら私は連続54食目のカレーを食べる。

11月27日

これだけ食べ続けると、カレーの匂いのする汗が出るようになる。

沙羅の樹や竹の生える樹の下をジープで走らせ、Ｂ2を探す。時には追加料金を払いゾウの背中に乗って探す。いつの間にか日が沈みかけていた。

そんな時である。崖の下から道の方に歩いてくる巨大なトラがいる。明らかに今まで見たのとは異なる。実際にトラの雄は雌よりも体重が2倍にもなるがそれ以上に大きく感じた。

上半身があまりにも大きくてお尻が不格好に小さく見える。Ｂ2だ。とうとう謁見できた。

Ｂ2は悠然と歩く。縄張りを示すために歩きながら、時々尿で匂いをつける。

すぐに観光客を乗せた何十台ものジープが集まり始めた。ところがＢ2はまったく気にしない様子で歩く。Ｂ2の後ろを何十台ものジープが連なっている光景は、まるで多くのヒト科を従えたトラの王のようだ。

残念なことにすぐに暗闇が迫り、私とＢ２の出会いはほんのわずかな時間で終わってしまう。

11月28日

Ｂ２のテリトリーの中で、いるはずのない他の雄トラにも出会う。若くて大きい。これからＢ２の縄張りを奪うのだろうか……。そう思いながら私はバンダウガルの森に別れを告げた。トラを見られたという満足感を感じながら。

私が日本に戻ってすぐのこと、Ｂ２は何度もパメラという名のその若い雄トラと闘い、そして瀕死の傷を負い、森から姿を消したと聞いた。人知れず死んだのだろうと誰もが思った。

それから4年もたった晩秋、グングーチ地方とバンダウガルの境界付近で傷ついた巨大なトラが見つかった。レンジャーが手当のために麻酔銃を撃ったが、そのトラは二度と目を覚ますことはなかったという。そのトラこそB2だった。

この2ヶ月におよぶ海外での野生動物探しは5年ぶりのことだった。その間、野生動物を追うことを半ば諦め大学院を辞め、研究者になることを諦めたのである。就職もできず、バイト生活が続いていた。

トラを見た時、やっぱり私は野生動物を追いかけていたいと強く思った。そしてトラを見たことで大型ネコ7種のうち6種を野生下で既に見ていることに気づく。残り1種はユキヒョウである。「ユキヒョウを探そう」

ほとんど野生下で見ることができないユキヒョウを見ることができたら死ぬ時に笑えるような気がした。幻と言われているユキヒョウを探しに行くことが運命づけられているような気がした。

バンダウガルゲートが開くのを待つ

Q
トラってひとことで言えば巨大なネコ？

A

ネコ科の特徴の一つは、種が違っていても外見で「ネコ」だとすぐにわかることです。トラは巨大なネコ科動物で、ネコは少し小さめのネコ科動物なのです。

Q

ネコパンチはたいしたことないけど、トラパンチされたら大変でしょうね。

A

小さな怪我ではすまないと思います……。

アメリカの州によってはトラをペットにすることは可能ですし、施設さえ整えて許認可を受ければ日本でも飼育は可能だそうです。しかし、トラは遊んでいるつもりでもヒトは殺されてしまうかもしれません。適正な距離を保って野生下で見るトラが一番美しいし、感動的だと個人的には思います。

Q
トラの大好物ってなんですか？

サンバー

アキシスジカ

A

シベリアのトラはイノシシを中心に食べるようです。インドのベンガルトラは、アキシスジカやサンバー、ガウル、ニルガイ、イノシシなどを好んで食べるようです。

ガウル

ニルガイ

Q
トラもやっぱり
またたびが好きなの？

A

ネコ科は全てマタタビにメロメロです。

トラを含む全てのネコ科にマタタビは効果があるそうです。マタタビに含まれるマタタビラクトンと塩基性のアクチニジンに反応し、性的興奮に近い作用があると言われてます。反応には個体差があるようです。

Q
野生のトラに会うには、どこへ行ったらいいですか？

A 特定の国立公園に行けば高い確率で見ることができます。

2016年現在、幸いなことにインドのベンガルトラはまた増加傾向にあります。

トラといえばバンダウガル国立公園、もしくはランザンボール国立公園でしたが、最近はペンチ、タゴバ、バンディプルといった他の国立公園でも高頻度で見ることができるようになりました。

最も手軽に見るならば、西遊旅行会社など定期的に販売しているトラのツアーに参加するのがいいでしょう。日本から8日間で35~40万円が相場のようです。

【和名】ユキヒョウ
【英名】Snow Leopard
【学名】*Panthera uncia* (Schreber, 1775)
【体長】100 ～ 150cm
【体重】（雄）45 ～ 55kg（雌）35 ～ 40kg
【分布】アフガニスタン、インド、ウズベキスタン、キルギス、タジキスタン、中国、ネパール、パキスタン、ブータン、モンゴル、ロシア

ユキヒョウの章

その1

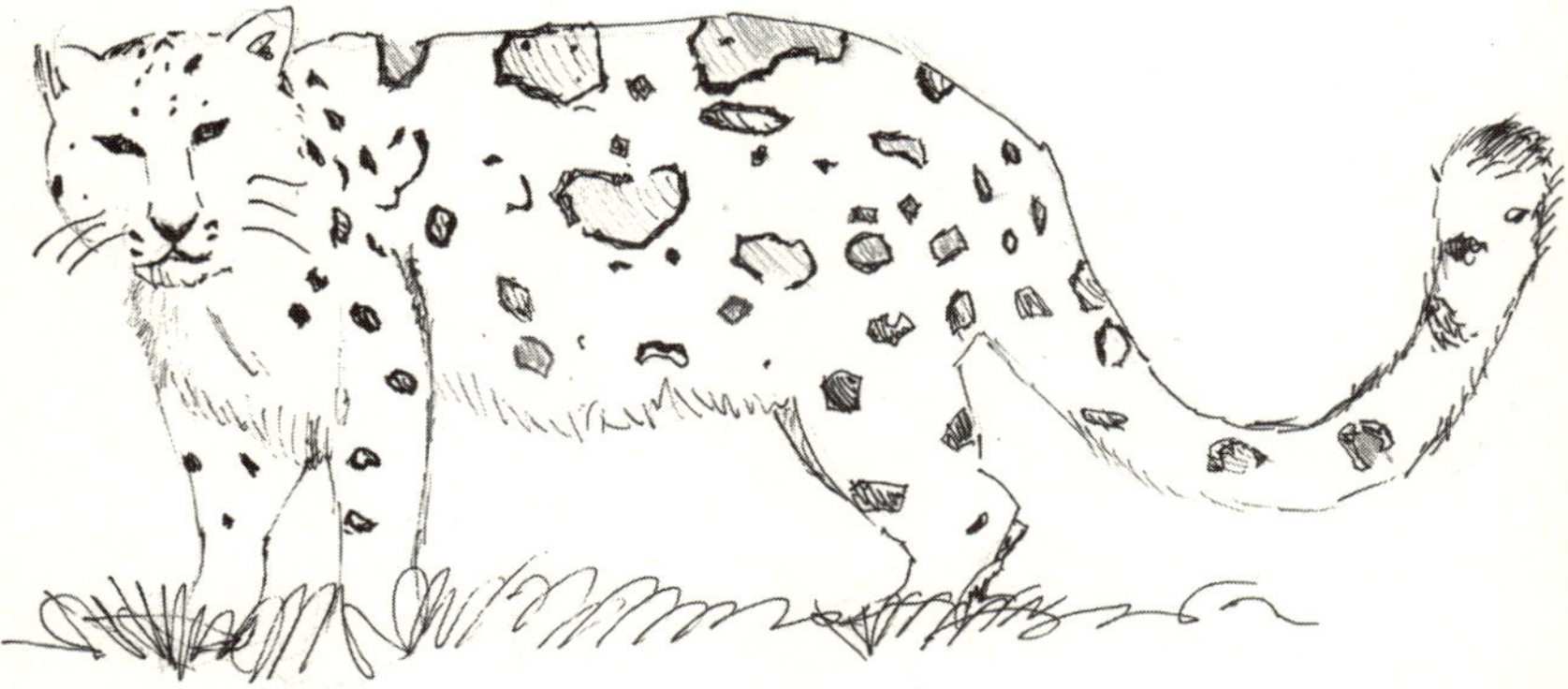

ユキヒョウは世界で最も美しいとも言われている動物である。寒冷地に適応したふさふさとした毛と巨大な尾を持つ。ラダックではユキヒョウのことをシャンと呼び、カザフスタンではバルスと呼び神として扱われたりする。日本では、あるジブリ映画がテレビ放映される度に、多くの人がカザフ語で「ユキヒョウ」とツイートする。

インド、ネパール、アフガニスタン、パキスタン、中国、モンゴル、ブータン、キルギス、ウズベキスタン、カザフスタン、タジキスタン、ロシアの山岳地に分布し、この広い面積に7000頭弱が生息していると言われる。野生のユキヒョウを見るのは難しく、私がユキヒョウを野生下で見ると決意した時には、「ユキヒョウを見たことのある人の数は宇宙に行った人の数より少ない」などと言われていた（言い過ぎではないかと思うけど……）。「山の幽霊（マウンテンゴースト）」とも呼ばれている。

ユキヒョウの一番の特徴は太く長い尾かもしれない。この尾でバランスをとることによって、急斜面を駆け下りることができ、寒い時はマフ

【推定個体数】ユキヒョウの推定個体数はIUCNのレッドリストによれば5000〜7500頭であるから、逆に言えば密度が低いことがわかる。乾燥した山岳地帯という厳しい環境では、多くの動物は生息しにくい。

ラーのように体に巻きつけて寒さを防ぐ。

今までに撮られた数少ない映像を調べると、そのほとんどがインドのラダックで、他にはネパール、モンゴル、パキスタン、カザフスタンなどがある。それぞれの国々の旅行代理店にユキヒョウの情報を聞き続けた。また現地に行くための代金や行程の見積りを依頼した。

その頃BBCで、世界初となるユキヒョウが獲物を狩る映像が公開された。その撮影は車が走る道路から望遠レンズでとらえたもので、場所はパキスタンだった。同時にアフガン戦争が始まり、パキスタン首都での自爆テロが連日報道されていたにもかかわらず「パキスタンがいいかもしれない」と思ったのだ。

インドのラダックが最も見られる確率が高そうであったが、パキスタンの見積もりは半額だった。観光客が減り、値下げ交渉がしやすかった。そして、パキスタンでは国立公園の中でなければ、ユキヒョウをおびき寄せるために生きたヒツジを購入し、山の中に連れていくことが可能だと返答がきたが、インドでは断られた。標高4000メートルに近い急峻な山でテントに泊まって、ユキヒョウを探すとなると、あまり動けないことが予想される。ならばユキヒョウに来てもらうしかないのではないか？

パキスタンの山岳地帯はアルカイダやテロというイメージができあがり、危険な場所という先入観を持たれ、観光客が減っていることなどが、現地の切実な問題としてメールから伝わってきた。偽善的かもしれないが「どうせお金を落とすのならより困っている人に落とそう！」という気持ちも重なり、パキスタンに行くと心に決める。パキスタンがテロで危険だといっても国の全てが危険になったわけではない。安全な場所でも風評被害で苦しんでいる。

雪山、標高4000メートルマイナス20度でのキャンプ生活、テロが起きる可能性があるパキスタンという国、すべてが経験のないことである。しかし、行かなければ野生のユキヒョウには会えない。それに人生は1回きりである。

12月21日

飛び立つと間もなく、雪に覆われた富士山が窓から見える。マレーシアでマラリアにかかり、体重を20キロ落として帰国した時、「もう行くな」と父が言っていたことをふと思い出す。

満席の飛行機に乗り北京経由でイスラマバードに着いたのは日本時間、22日の2時。現地時間で21日の22時。空港でガイドのRに会い、イスラマバードのホテルへ到着した頃には現地の日付も22日になっていた。そして昨年のトラの時と同様に毎日3食カレーを食べ始める。自爆テロのニュースが流れたイスラマバードという街にいて、緊張感もあるはずなのにすぐに眠りにつく。

意外に思うかもしれないが、テロに巻き込まれて死亡する人の数は、東京で起きる交通事故死や自殺に比べればかなり少ない。テロはニュースとして扱いやすいのでクローズアップされがちなのだろう。さらにクマや大型肉食獣に殺される人の数は少ない。

12月22日

朝5時半に起床。6時にホテルのロビーでRと待ち合わせ、国内線乗り継ぎのためイスラマバード空港から飛行機に乗り、ギルギットへ向かう。ギルギットから四輪駆動車に乗り、カラコルムハイウェイを中国方向へと走らせる。かつてマルコ・ポーロも通ったとされるシルクロードを一路、フンザへと目指す。険しい場所もあり落石も多い。

フンザの中心街はカリマバードで、少なくとも900年前には王国として存在し、1974年にパキスタン政府によって廃止されるまで、王が支配していた。

ラカポシ山、ウルタルI峰とウルタルII峰、ゴールデンピーク、レディ・フィンガー、ディラン、シシパルといった7000メートルを越える山々に挟まれた峡谷に家と畑が点在する。宮崎駿の『風の谷のナウシカ』の風の谷ではないかと噂されたこともある風光明美な場所だ。春には杏子の花が村一面に咲きほこり桃源郷の由来とも言われる。

フンザに14時頃に着く。フンザの町で2匹の可哀そうなヒツジを購入

【ギルギット】ギルギット・バルティスタン州の州都、カラコルムの山々に囲まれた北方地域の中心都市。

【ラカポシ山（7788メートル）】「ラカポシ」とは、伝説的な人物「ラカの物見台」を意味すると言われている。

【ウルタルI峰（7329メートル）ウルタルII峰（7388メートル）】第2峰は、8000メートル以上の峰が全て踏破された後でも「最後の未踏峰」と言われ多くの著名な登山家の挑戦を拒んできた。1991年には長谷川恒男隊が雪崩に巻き

する。ユキヒョウをおびき寄せるための囮だ。
　このホテルには泊まっているの客は私一人である。「２００1年以前はどこも予約でいっぱいだった」とRが言う。明日から山でのテント生活、日本からの長い飛行機とジープでの移動の疲れを取らなければならないが、もちろんお湯は出ない。これから風呂にも入れない生活が続く。

12月23日

　大音量でコーランがスピーカーから流れて目が覚め、時計を見ると朝5時である。
　これから、20日分の荷物を運ばなければならない。食糧、機材、テント、ガス、ガソリンなど総量２７０キロ。ポーター一人あたり25キロの荷物を運ぶ契約なので11人のポーターを雇うことになる。目的地はシシパル氷河の上流だ。
　9時半頃に歩き始める。切り立った断崖をアカハシガラスとキバシガラスの一群が崖の上を舞う。

込まれて命を落とした。その後、１９９６年山崎松円隊が初登頂。

【可哀そうなヒツジ】ちなみに40ドルで購入。

【アカハシガラスとキバシガラス】どちらも高い標高で確認される鳥でキバシガラスはエベレストの標高８２００メートルで確認された例がある。

出発地点の標高が2400メートル、最初の1時間は道があったが、以降は氷河の上を歩く。背負っている荷物は15キロ。カメラのレンズという全財産を背負っているために転ぶことは許されない。景色を楽しみながら歩いたのは前半だけで後半は無口になり、ひたすら足を一歩前へと進める。標高1000メートル上げるのに7時間を費やす。思った以上に時間がかかり疲れる。歩き慣れた日本の山とは違う。ベースキャンプ予定地まであと300メートルのところで初めてユキヒョウの足跡を発見する。大きさ以外はイエネコと形は変わらない。ユキヒョウが近くにいることを初めて実感する。幸先がいい。16時過ぎにベースキャンプ予定地に到着。明日は筋肉痛になるだろう。テントに入って丹念に足をマッサージする。

12月24日

ベースキャンプが出来上がる。翌朝、ポーター達が下りて行く。そのうち4人はさらに氷河の上流に放牧してあるヤクを見に行くと言う。フ

ンザではヤクを食肉としている。子ヤクを1000ドルで購入し、約10年育てると5000ドルになるらしい。1000ドルといえばフンザの町で1年暮らせるほどの大金であるから、村人にとってハイリスクハイリターンな投資だ。ヤクがまだ小さい時はユキヒョウやオオカミの餌になることがある。また大人のヤクでもユキヒョウに驚かされ谷に落ちて死ぬことがあるという。さらには雪崩や落石で命を落とすことも多い。村人が交代でシシパル谷に様子を見に行くのだ。しかし、ヤクの群れはユキヒョウに襲われ、谷の奥に逃げてしまうと見つからなくなることもあるらしい。

ポーター達と別れる時に一人10ドルのチップを渡す。ポーター達は2ヶ月分の子供の学費になるといって感謝してくれる。そして「ユキヒョウが見られますように」とお祈りしてくれる。双眼鏡で岩肌をなめるように見る。どこかにユキヒョウが昼寝をしているはずである。

ポーター達はいなくなり賑やかさは消え、ガイド兼通訳のR、コック

【ユキヒョウに脅かされて】体重800キロにもなるヤクをユキヒョウは直接狩ることができない。崖の上からヤクを驚かして崖下に落とすという。

のA、トレッカーのSと私の男4人の1チームが残る。そういえば、クリスマスイヴである。Rに「イスラム教だからクリスマスは祝わないのか」と聞いたら祝い事は大歓迎だと言う。マイナス20度以下の環境でも火があれば暖かい。これからユキヒョウを見るのだという気持ちの高揚と共に久しぶりに圧倒される大自然に囲まれて、静かな素敵なクリスマスを過ごす。

3400メートルの乾燥している高地では意識的に水分を多くとらなくてはならない。呼吸しているだけで水蒸気として多くの水分を失っていくのだ。4人分の飲料と食糧と食器洗いなどの水として毎日40リットルの氷が必要になる。

まだ日が昇らぬうちにピッケルを握りしめる。そして、30メートルほど急斜面を下りて氷河に到着する。砂利を退け、氷めがけてピッケルを叩き付け、砕いた氷を袋に入れて30キロほどの氷をテントまで運ぶ。その氷を溶かして沸かさないと温かい朝の一杯のコーヒーが飲めない。マイナス20度以下、標高3500メートルで朝一番にする仕事である。太陽が照れば岩が温まり氷が溶け始める。すると落石が頻繁に起きるために最も寒い朝に氷を運ぶ。

氷を溶かすのには薪が必要である。しかし、森はない。乾燥していてまばらに背丈ほどの針葉樹が生えているだけで、さえぎるものがなく10キロ先の谷奥まで見える。その広大な風景の中にある枯木を双眼鏡で探す。朝ご飯を食べると鉈を持って、時には数時間歩いて枯木まで行き、細かくして薪にして背負ってベースキャンプまで持ち帰る。これをしなければ、翌朝のコーヒーが飲めない。

12月25日

薪を拾いに1時間ほど歩く。夜のうちについただろうユキヒョウの足跡があるのを見つける。足跡は氷河の上流の方へ向かっていた。その近くに岩で身を隠すことができ、落石からも身を守ることのできる場所に2人用のテントを張る。

テントを隠すように石を積み上げ、テントの入口からヒツジが見える

ように2匹のうち1匹を氷河の上の岩に繋ぐ。そしてRやSと別れ、一人でテントに入る。ユキヒョウ撮影用のハイドテントのできあがりだ。

最初の晩、丑三つ時、ヒツジが騒ぐ。ハイドテントの背後で足音のような雪が踏みつけられるようなザクッ、ザクッという音をきく。「フンッ」と鼻息が聞こえた。

「ユキヒョウかもしれない！」もちろん、アイベックスなどの草食獣の可能性を否定もできないが、ヒツジの騒ぎがなによりもユキヒョウではないかと感じさせる。息を殺すように、できるだけ音をたてないようにして、待つ。しかし、足音が下流方向へと遠ざかっていく。

12月26日

朝、ハイドテントから外を見ると繋がれたヒツジがこちらを見てメ〜と鳴く。いつの間にか寝ていた。身体を伸ばしに外に出ると、テントから5メートルほどのところにユキヒョウの足跡がある。昨晩の足音はユキヒョウだったのだ。ユキヒョウは私をどこからか見ていたに違いない。

足跡をたどると、ヒツジから300メートルくらい離れて、円を描くように2周している。不審なテントを見つけ、狩るのを躊躇した様子が足跡からもわかる。もしかしたら明日の夜見られるかもしれないという期待に揺れる。

一日に一度、魔法瓶に入ったお湯と食料をAが届けてくれる。「ユキヒョウは確実にヒツジに気づいている。昨晩は食べられなかったからお腹を空かして今晩には絶対にくるよ」と言ってベースキャンプへの1時間の道を下りてゆく。

谷が深いので太陽が当たるのは12時半から15時45分頃までだ。紫外線はとても強いが、貴重な暖かい時間である。

12月27日

ハイドテントの中からほとんど出ない引きこもり生活2日目である。昨晩はユキヒョウが近くまできたから今晩も来るかもしれないという期待も虚しく夜が明ける。

魔法瓶にお湯とカレーを持ってAとSが下から歩いてくるのが見える。Sは7000メートル以上の山々に挑戦した日本人隊のポーターをしてきたトレッカーである。登山家の長谷川恒夫が雪崩の中に消えた瞬間を後方で目撃したという。

どうして命を危険にさらしてまで山に登るのだろうか……「そこに山があるから？」……なぜ私は山にいるのだろうか……「ここにユキヒョウがいるから？」。

Sは普段はフンザで百姓をしていて、紫外線にさらされているせいか深い皺が刻まれ50歳以上にもみえる。実際は38歳である。彼らがお湯とご飯を届けてくれる時が24時間の中で唯一人と話すことができる時間だ。

ユキヒョウは確実にヒツジに気づいている。昨晩は食べられなかったからお腹を空かして今晩には絶対にくるよ」と言って二人はベースキャンプへの1時間の道を下りてゆく。「そうだ。その言葉を信じよう」前向きにならなければ続かない。夢にまで見るユキヒョウが今、私を見ていてもおかしくないのだから。

12月28日

その夜もユキヒョウは現れない。朝、ハイドテントから外を見ると繋がれたヒツジがこちらを見てメ〜と鳴く。テントの中からほとんど出ない引きこもりである。

R・Aが昼飯を届けに登ってくる。そして昼飯を一緒に食べながら談笑する。

「ユキヒョウは確実にヒツジに気づいている。昨晩は食べられなかったからお腹を空かして今晩には絶対にくるよ」と言って二人はベースキャンプへの1時間の道を下りてゆく。もちろん待つ。それ以外に私にできることなどあろうか。

12月29日

その夜もユキヒョウは現れない。朝、雪が降っている。雪と霧で視界

が20メートルくらいか。

昼飯を届けにきたRは「こんなに多くの雪が降ることは今までなかった。地球温暖化を信じていなかったけど今は信じるよ。聖なるガンジス川の源流となる氷河はほとんどなくなりそうなのを知っているか?」と言う。地球規模ゆえに地球上どこにいても話題になる。

「ユキヒョウは確実にヒツジに気づいている。昨晩は食べられなかったからお腹を空かして今晩には絶対にくるよ」といってRはベースキャンプへの1時間の道を下りていく。下りていく姿を見ながら少し寂しさと孤独を感じる。日本語で話し合える相手がほしい。こんなに美しい場所にいるのに……。

12月30日
その夜もユキヒョウは現れない。
ベニヒワの大きな群れ、赤い鳥のセスジシロボシマシコ、日本でよく見るジョウビタキにそっくりのシロガシラジョウビタキが時々現れる。

上空遠方をイヌワシ、ヒゲワシ、ハゲワシの仲間が舞う。イワシャコが岩の間を歩く。フジイロムシクイが藪の中にいるのは分かるがなかなか表には出てきてくれない。

岩の間には冬眠しているだろうナキウサギやマーモットの糞があり、オコジョの糞や足跡を目にするが、この寒さと乾燥の厳しい環境に生き物は少ない。

「多摩動物園にユキヒョウいるじゃないか? そんなところに、なぜ行くの?」と聞かれたこともある。

動物園は好きである。出発前には多摩動物園にも行き岩にカモフラージュするユキヒョウの毛の色を脳に覚えさせたいと数時間ユキヒョウを見続けた。でも、餌を与えられている生き物と自ら捕る生き物は根本的に何かが違うのだ。この今いる世界はもっとピリピリする。このピリピリこそが本当の現実なのだ。それを日本で生きていると忘れる。

夜中に少し雪が降る。放射冷却が少ないのでマイナス15度であっても暖かい。

【ヒゲワシ】世界最大の猛禽類の一種でもある。自ら狩りする能力はないが、骨を空中から落として割り、骨の髄を食べる。チベット教やゾロアスター教など鳥葬を行う場所では最後に現れる鳥であり、神聖な鳥である。

12月31日

朝になって晴れる。その夜もユキヒョウは現れない。積もった雪に新しいユキヒョウの足跡があるかもしれない。

フンザから運んできた鶏肉を食べきってしまったので現地調達のため銃を持って外に出る。イワシャコやヒマラヤセッケイを狙う。

ベースキャンプに1時間かけて行くとユキヒョウをおびき寄せるためのもう1匹のヒツジがメェーと元気に出迎えてくれる。その夜はベースキャンプでR達と過ごす。食用にしたい鳥は銃で撃てるほど近づけず、ユキヒョウの痕跡も見つからない。日本では紅白が終わり、除夜の鐘が鳴り始めた頃である。下から運んだ肉はなくなり野菜カレーが続く。ベースキャンプでの食事は温かい。

1月1日

ベースキャンプから出てハイドテントに戻る。

テントから見ているとAやSはベースキャンプから転ぶこともなく身

軽にものの30分で歩いてくる。重いカメラを背負っているとはゆえ私には約1時間以上も必要な距離である。

ハイドテントに戻り、「明けましておめでとうございます」と繋がれたかわいそうなヒツジに挨拶した。毎日ヒツジを見ているので愛着がわいてくる。一人だけのテント内生活の再開。

1月2日

その夜もユキヒョウは現れない。私もピーター・マシーセンのようにユキヒョウが見られないのだろうかとふと思う。

突然テントの外から人の声が聞こえる。「誰だ?」ベースキャンプの方を見るとSとAとRの3人が料理をしているのが見えるから彼らではない。幻聴でも聞こえるようになったか? それとも幽霊か? とドキリとするが、上でヤクの番をしていたポーターの3人が下りてきたのである。ポーター達の話ではヤクが1頭やられたと言う。今すぐに上流へ向かいたい。しかし、彼らの足で歩いても6時間はかかる場所だ。残念

【ピーター・マシーセン】作家のピーター・マシーセンは1973年にネパールのヒマラヤに分け入った。動物学者であるジョージ・シャラーのブルーシープの研究に同行しつつユキヒョウ(最も稀にして最も美しい大型のネコ科の動物)を求め、その体験を『雪豹』という本にしており、ハヤカワ文庫から邦訳もある。全米図書賞も受賞した名著である。ヒマラヤの動植物の著述をしながら、そこに生きる人々、著者の内的な経験などが入り混じる。紀行文でもあり、生物学の書でもり、人文科学や民族学の書でもある。

ながら私は体力的に難しそうなので諦めた。ユキヒョウの足なら3時間もかからないかもしれない。こちらに下りてくる可能性にかける。

1月3日

その夜もユキヒョウは現れない。肉が食べたい。目の前にヒツジがいる。愛着もあるが食べてしまいたいとも思う。しかし、ヒツジを食べてしまったらユキヒョウをおびき寄せることすらできなくなる。我慢するしかない。

1月4日

その夜もユキヒョウは現れない。満点の星空の下、不安定になり始めている自分の精神状態に気づく。突然、昔のことを思い出して泣き始めたりしていた。疲れ始めている。小さなミスから凍傷になって、指を切り落とさなければいけなくなるかもしれない。そろそろ下山も考えなければ……。

1月5日

その夜もユキヒョウは現れない。やはり聞いていたより野生動物の数が少ないように感じる。テントにいてユキヒョウどころか餌になるアイベックスが前を一度も通ることがない。アイベックスの警戒する姿から察するに人による狩りが行われているのではないだろうか。

中国・パキスタン国境にあるフンジャラーブ峠でのユキヒョウの目撃情報は多いらしい。また国立公園になっていて保全されているので草食動物も多いと言う。下山してそちらに行くのもいいかもしれない。その昼、ベースキャンプに戻り明後日に下山することを伝える。ポーター達を呼びにSが村へと下りてゆく。

1月6日

その夜もユキヒョウは現れない。今晩見られなければこの谷でユキヒョウと会うことは諦めなければならない。

共に過ごしたヒツジをさばきポーター達に振る舞う。その時のヒツジのレバーの甘さと美味しさに感動する。キャンプ生活で寒さに耐え、何日も粗食で過ごした後なので格別だ。この世で最も美味な料理だろう。下山するためのエネルギーを蓄える。

突然、空が濁り始める。風がそんなに強くないのに砂が舞っているのは異様だ。その時、さほどに遠くない場所で激しい轟音とともに山が滑り落ちた。一瞬で対岸のカラコルムハイウェイを呑み込み、そのまま土砂は反対の山塊にぶつかり、跳ね返されて谷の下流の村へと押し寄せてきた。谷の深部から標高200メートルも高いところにあった家々は一瞬にして地中100メートルに埋まる。

下山のためフンザの町からポーター達が登ってくる。悲壮感が漂っていた。

「今日、この村で大きな悲劇があった。30人以上の人が行方不明になっている」とポーター達は口々に言う。家族と連絡が取れない人もいる。軍のヘリコプターが飛ぶ音が聞こえ続ける。

フンザの土砂災害

1月7日

いよいよ下山する。空は相変わらず砂煙ではっきりとしない。

無事に下山し、ホテルに入る。5キロほど上流で山が崩壊していた。上流側のフンジャラーブ峠の方向は完全に封鎖である。村に戻ると住民は救助に向かい、どの店もシャッターを閉めている。軍隊と医療チームがホテルに入り、宿泊者は私しかいなかったホテルはその関係者でいっぱいになっている。上流方向へのカラコルムハイウエイの通行ができなくなったため、当然のことながらこの状態でユキヒョウを探し続けることなどできない。

もし、下山を早め、フンジャラーブ峠の方に向かっていたら、上流側に閉じ込められ、何日も帰ることができなかったであろう。「何か私に助けられることはないか?」と聞くとRは「パキスタンはただでさえタリバンやアルカイダといった悪い噂で満ちている。でも美しく治安のよい場所はたくさんある。貴方が見た本当の姿を国に帰ったら伝えてほしい」と言われる。絶景で厳しい環境の中、人々が助け合いながら生きているので美しいのは間違いない。

1月10日

2日間程フンザで災害のため足留めさせられる。ギルギットからの飛行機は、砂埃のために飛ばないので、約600キロの道のりをジープで落石をどかしながら27時間かけてイスラマバードに向かう。飛行機でならたった1時間で着く。

ユキヒョウはこの厳しい大地に生きている。今回は見ることはできなかったが、私はまた挑戦するだろう。帰国し、働いて、お金が貯まればまた来るだろう。

Q

ユキヒョウの尻尾って
触ったらどんな感じ？

A

モフモフだそうです！

残念ながら私は毛皮しか触ったことがありません。動物園でユキヒョウの研究をしている方に聞いたら、他のネコ科よりも毛が長くて詰まっているのでモフモフするのだそうです。

Q

ユキヒョウって
一日どれくらい食べるの？

A

動物園では雄は一日2キロ、
雌は1・5キロの肉
（馬肉、鶏肉、鳥ガラ）
だそうです。

野生下において餌となるアイベックスやブルーシープは30〜200キロもあります。交尾の時期は何日も食べないですし、毎日狩りに成功するわけでもないです。一方で狩りに成功すれば10日もかけて休みを入れながら餌を食べ続けることがあります。1日2キロと考えると1ヶ月に2個体のブルーシープやアイベックスを狩ることができれば生きていけそうです。

Q ユキヒョウは標高が高い場所でも活動量は多いの？

A

空気の少ない場所にどうやって適応しているのでしょうね。ユキヒョウの生態はまだ謎が多いです。

一日に10～20キロ歩くと言われています。大きな鼻腔は寒く空気の少ない場所に適応するためかもしれません。

Q
ユキヒョウは懐くと思いますか？

A

挨拶をしてくれるようになるそうです！

トラやライオンも懐きますから飼い方しだいでネコ科は懐くのではないでしょうか。動物園で毎日ユキヒョウを見ていると、ユキヒョウに覚えられ挨拶をしてくれるようになるとか。

ユキヒョウの章

その2

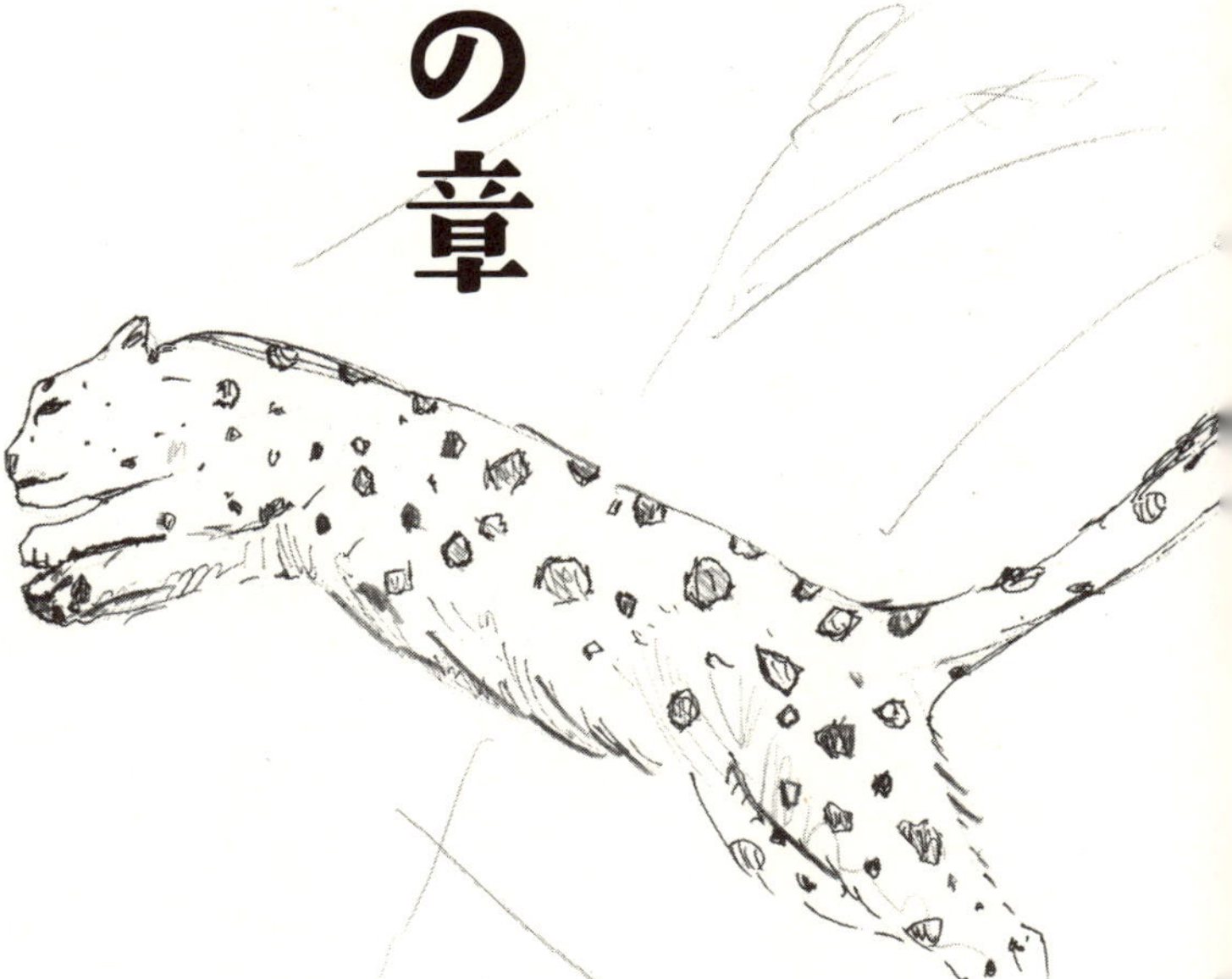

1995年、ニューヨークタイムズに巨大なムササビが80年ぶりに再発見されたというニュースが流れた。ウーリームササビという世界最大のムササビの種である。11枚の毛皮のみで種の記載がされて以降、実物を見た者がいなかった。誰も見たことがないのだ（現地で生活をしている方を除けばということだろう）。

地球のあらゆる場所に人が行っていて、大型の生き物の新種は深海を除けばないだろうされる中で、夢を感じさせる発見だった。ウーリーとは毛むくじゃらという意味である。発見されたのはギルギットの近くで、おそらく高山の寒さへの適応で毛が発達したと思われる。一度目のユキヒョウ挑戦でギルギットを通過した時、ウーリームササビのことが頭に浮かんだ。「高い樹から樹へと飛び移るムササビだけど、ここは樹もないではないか」。外見はムササビよりもオーストラリアの有袋類であるウォンバットに似ている気がする。ネット上でウーリームササビのことを調べても1995年に捕獲された時の写真しか見つからない。帯広畜産大学の先生が崖で巣を見つけたという報告もあるが生きた姿を見ていない

【ウーリームササビ】世界最大のムササビであり、尾を含めると110cmになり重さは3キロにもなるという。ちょっとした中型動物の大きさである。痩せたタヌキほどの重さの生き物が樹間を滑空するのは大変そうだ。1911年に11枚の毛皮によって、種として記載された。しかし、その後、生きたものが見つかることは長いことなかった。絶滅したか、もともといなかったのではないかとも言われ、ほぼ忘れられかけていた。

という。

一度目のパキスタンでウーリームササビのことについても情報を集め、発見された村がどこにあるかを知ることができた。サイ村の奥の谷で見つかったという。サイ村でもヒツジがユキヒョウに襲われることがあるとも聞いた。ユキヒョウとウーリームササビという両方ともウサギではない二兎を追って11月27日イスラマバードに向けて飛び立つ。

11月28日

前回とは違うガイドとイスラマバード空港で落ち合う。今回のガイドのKが所属している会社とメールでやりとりしているうちにウーリームササビを80年ぶりに発見したパキスタン人とも連絡を取ってくれ、情報を集めてくれた。見られる可能性は高いと興奮する。

途中、銃を持った警察に護衛されながら移動する。いくつもの小さな村を通過するが、宗教的な理由で女性の姿をほとんど見ることはない。6時間かけてギルギットに到着。

11月29日

ギルギット川に沿って下るとインダス川にぶつかる。インダス川左岸はヒマラヤ山脈、インダス川の右岸のギルギット川から上流がカラコルム山脈、そして下流がヒンドゥクシュ山地になる。3つの巨大な山塊がここでぶつかる。

そのヒンドゥクシュ山地側にサイ村はあり、村から8000メートル峰のナンガパルバットが見える。カラコルムハイウエイから分岐して凸凹の激しい未舗装路を上がっていくとポプラの樹に囲まれた村が沢を挟むように広がっている。100軒くらいの集落だろうか、サイ村のほとんどの男性が私を出迎えてくれる。全員が長いひげを生やしている。通訳を介しながらウーリームササビを探しに来たと伝える。

「村に今まで外国人が訪れたことはなかった。ジンギス・ハンは来たかもしれない。その前にマルコ・ポーロが通過したかもしれない。ヒンドゥクシュにある村々は閉鎖的に生きてきた。しかし上流のフンザが積極的に外国人を受け入れ、経済的にも栄えたのを見ていて、もっと開放的に

【ヒンドゥクシュ産地】7000メートルを超える山を持つ山塊は3つあるという。世界最高峰エベレストを有するヒマラヤ、世界第二位のK2を有するカラコルムまたは天山山脈、それにヒンドゥクシュ山地である。このギルギット川とインダス川の合流部でその3つの世界の屋根が出会う。

【ナンガパルバット】標高8125メートルで世界第9位。1957年7月3日初登頂されるまで何度もドイツ隊が挑み、多くの遭難者を出したことから「人喰い山」と恐れられた。

なる必要性を感じている」と白い髭の長い村長が言う。
「マルコ・ポーロっていつの話だよ」と心の中で突っ込みを入れる。

11月30日

早朝から急斜面を登り始める。少年が軽々と抜かしていく。急斜面を登り続けること4時間、突然、針葉樹の林が広がり、まるで別世界である。カラコルムハイウエイを走ると樹は見ないが、谷奥の北斜面に水が溜まるような場所があるのだろう。針葉樹の下にはムササビが実を食べた食痕が残っている。樹はそんなに高くはないが、大きいものは直径1メートルもある。そこにテントを張る。

こちらが疲れてテントで休んでいる間に、村人たちがウーリームササビを探しに行ってくれる。

17時頃、早くも「見つかった！」と朗報が入る。さっそく連れられていくと樹上に茶褐色の毛むくじゃらの生き物がいる。撮影できる時はあっけなく撮れる。あっけなさすぎて、世界で初めて野生の状態で撮影されたものであるのに、感動が少ない。この勢いでユキヒョウも見られるといいのであるが……。

12月1日

ウーリームササビを見ることができたので、いよいよユキヒョウに集中する。下山し、その日はギルギットで宿泊。26頭のヒツジが上流の村でユキヒョウに殺されたという村人にとっては最悪の事態であるが、こちらにとってはチャンスかもしれない。昨晩のことである。狩った食べ物には執着するだろうから、村人が追い払ったり殺したりしていなければ、急いで行けばまだ近くにいる可能性は高い。

12月2日

カラコルムハイウエイを上流に向かう。昨年の地滑りが谷を塞いだために大きな湖ができていた。そのため乗ってきた車を一度降りて　ボートにのる。ボートで上流の湖の端まで行き、反対側で待っている車に乗

り換える。それから路面の悪い道をまた数時間走り、ヒツジが殺された村に到着した。ギルギットの州政府の許可を見せ撮影のための案内をお願いするが、村の許可がおりない。許可がおりなければこちらはできることがない。ユキヒョウがそばにいる可能性が高いというのに歯がゆい。

12月3日

許可を得るため一日待ちぼうけ。旅行資金と日数が何もしないで減っていく。

夕方、宗教指導者と思しき人に呼び出される。

「お前は何をしに来ているのか?」と尋問が始まる。

「日本人でユキヒョウを探している」

「ここパキスタン、アフガニスタン、中国と国境を接する緊張状態のある地域である」

「ユキヒョウは山に生息する。国境が山を境にあるのはわかっているが、ユキヒョウを探すためにはそういう地域に行くしかない」

「我々側の人間だけ使うなら許す」

「さらに雇うお金はない」

「いくらあいつらにわたしている？」

あいつらというのは私が使っている旅行会社のことだろう。

「イスラマバード空港からの移動など全て込みで雇っている。一日あたりで換算すると、宿泊、ポーター、車、ガソリン含めて150ドルだ」

「今いるメンバーを帰らせ、2000ドル払うならヒツジが襲われたところに我々が案内する。お前が今、一緒にいるメンバーは品がない」

そう言いながら、彼らがしかけたという自動撮影機に写ったユキヒョウの写真を見せてくれる。居場所を知っていて、金欲しさに難癖をつけているのだろう。

「200ドルなら払う。イスラマバードに帰らないといけないのでその時に彼らが私には必要だ」

あっけなく交渉は決裂する。このユキヒョウを見るための旅に私は貯金を使いはたしている。日本の口座には6万円しか入っていない。諦め

るしかない。そういえば今日は誕生日である。最悪の誕生日になってしまう。それでも前向きでいることが重要である。

12月4日

ヒツジが殺された場所に行けなくても、まだユキヒョウを見られる可能性は残っている。昨年、行きたくて行けなかったフンジャラーブ峠に向かう。この峠を越える道の途中でのユキヒョウの目撃例は多い。国立公園になっていて、アイベックスなどは近くで見ることができる。標高4733メートルの峠が中国との国境になっていて、国境沿いにフェンスが張りめぐらされている。このあたりにはマルコポーロシープというヒツジの仲間が生息しているが、中国がアルカイダの侵入を恐れフェンスを作ったため、個体群が分断され、季節移動ができなくなったという。絶滅危惧種である。

ユキヒョウの痕跡はまったくない。中国やイラン経路で、石油を輸入するためにカラコルム・ハイウェイの拡張工事をしていて、途中に多くの中国人キャンプがある。ここでユキヒョウを見られる気がしない。

12月5日

少し下流に戻り、予定していたカイバル谷に入る。村でヒツジを購入する。その日は村のゲストハウスに宿泊。ベッドがあり快適だ。

カイバル谷はとても大きな谷である。アイベックスの姿が5キロほど先に見えた。ユキヒョウの足跡と糞はあるもののどれも古い。自分の匂いがユキヒョウを恐がらせる可能性があるかもしれないので、熱の動きに反応しカメラのシャッターを切るように自動撮影機をしかける。そちら側にかわいそうなヒツジをつないでおく。昨年はユキヒョウがテント内にいる私に気づいてヒツジを襲わなかった可能性があった。待つのはやめて、カメラだけ置いておけば、ユキヒョウを写せる確率は上がるのではないか？　ユキヒョウがヒツジを襲えば、その後にその餌に執着し、遠くに行かないのでユキヒョウを見られるのではないか？　と考えたのである。

12月6日

朝、村人がワインと中国酒を持ってテント場まで上がってくる。イスマイール派のフンザの人たちは女性の教育にも熱心であるし、酒や豚肉も拒まない。イスラム教といっても多様である。お酒が弱く飲まない私はイスラム教の信者よりも敬虔であると尊敬される。

12月7日

カメラを確認するが何も撮れていない。朝になり誤作動とアカハシガラスの飛翔に反応したと思われる写真がある。

午前中、写真を撮るためにアイベックスの群れに近づこうとする。岩陰に隠れながら250メートルまで近づく。それより近づこうとすると一斉に逃げ始める。遠くからヒツジを双眼鏡で見ると元気なようである。

12月8日

この日も写真は撮れない。つまりヒツジは元気である。

ユキヒョウの痕跡がないから、ヒツジを人間が食べた残りを外に出しとけばヒゲワシやハゲワシ、キツネといった生き物が寄ってきて写真を撮れるのではないかと考え、2匹のヒツジのうち1匹を食べることにする。私達が食べ残したヒツジに多くのカササギとアカハシガラスが集まる。ハシブトガラスもいる。しかし、期待する動物は集まってこない。

12月9日

自動撮影機にはユキヒョウの影はまったくなく、周囲に新しい足跡もない。アイベックスの近くには寄れない。藪の中に時どきフジイロムシクイという鳥を見る。

12月10日

まったくユキヒョウの痕跡がない。待つことのできる時間も限られている。昨年見たユキヒョウの足跡は、本当に千載一隅のことだったのだろうか？　せめて足跡さえあれば、その足跡からどこを探すなどの作戦

【ムシクイ】なかなか藪から出てこなくて見るのが難しい。ウグイスと同じ仲間で世界中に何種も分布するが、そのほとんど全てが茶色で見分けることすら難しい。フジイロムシクイは体色が光にあたると名前の通り薄い紫になり、たいへん美しい。

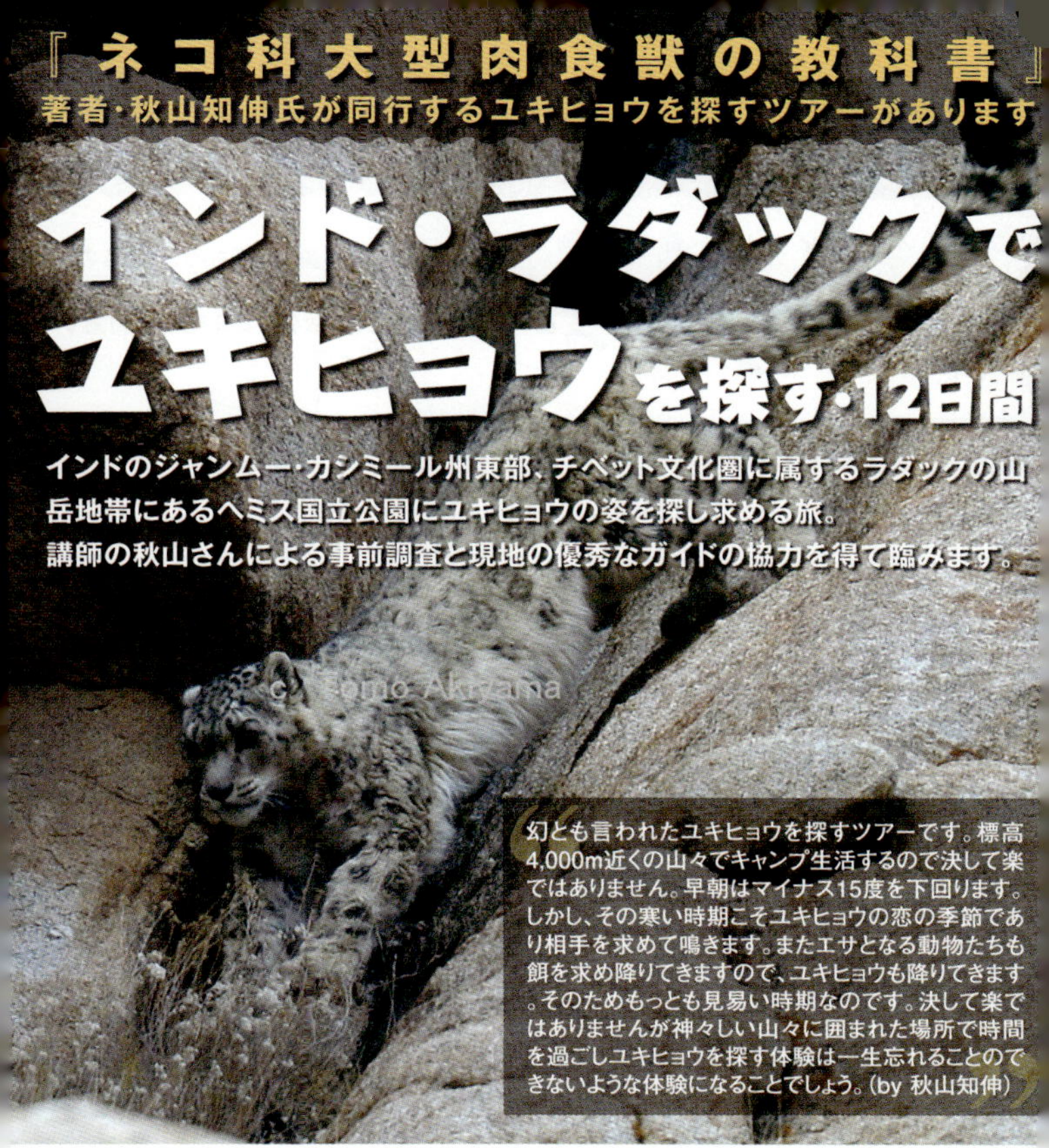

『ネコ科大型肉食獣の教科書』
著者・秋山知伸氏が同行するユキヒョウを探すツアーがあります

インド・ラダックでユキヒョウを探す・12日間

インドのジャンムー・カシミール州東部、チベット文化圏に属するラダックの山岳地帯にあるヘミス国立公園にユキヒョウの姿を探し求める旅。
講師の秋山さんによる事前調査と現地の優秀なガイドの協力を得て臨みます。

“幻とも言われたユキヒョウを探すツアーです。標高4,000m近くの山々でキャンプ生活するので決して楽ではありません。早朝はマイナス15度を下回ります。しかし、その寒い時期こそユキヒョウの恋の季節であり相手を求めて鳴きます。またエサとなる動物たちも餌を求め降りてきますので、ユキヒョウも降りてきます。そのためもっとも見易い時期なのです。決して楽ではありませんが神々しい山々に囲まれた場所で時間を過ごしユキヒョウを探す体験は一生忘れることのできないような体験になることでしょう。(by 秋山知伸)”

旅行期間 2017. 1. 29 [Sun] – 2. 9 [Thu]

ツアー詳細をHPでCHECK

旅行代金 **598,000円**

繁殖期のユキヒョウが最も見やすい時期に設定しました！

※旅行代金以外に空港税、燃油特別付加運賃等が別途必要です。
※詳しいツアー内容は、パンフレットをご請求ください。

主催：（株）風の旅行社／企画：（株）風カルチャークラブ

お申込み・お問合せは**裏面**をご参照ください。

知る楽しみ、欲張りな好奇心を刺激する

風カルチャークラブ

森羅万象、見るもの、聞くもの、触れるもの、すべてを面白がりたい人の欲張りな好奇心を刺激する場を提案しています。

風カルチャークラブとは?

「講師」の解説で広がる興味

人間も含めた全ての「自然」をテーマに、専門家に話を伺う場を提案しています。講師による解説が知らない世界への扉を開いてくれます。知らなかったことがわかってくることで、新たな興味が湧き、好奇心も強くなってくることでしょう。講師の解説があなたの興味を広げてくれます。

どこで何を知るのか?

現地(現場)主義は、泊まりがけ旅行や海外旅行へも広がります。「風の旅行社」の旅行業のノウハウとアウトドアの実績を活かして、現地に赴きます。企画を立てる時、「旅行」を足場に考えるのではなく、「何をどう学ぶのか・知るのか」から企画を考えています。

「興味を持つ・体験する」きっかけの場

新しいコトに興味を持つ、新しく何かを体験したくなるような、あなたの好奇心に刺激を与える企画を提案しています。思いもよらなかったことを知ったり、興味を持ったりすることで、あらゆるモノゴトにあらたな価値を見いだせるようになる。人生が楽しく豊かになるきっかけを作りたいと思っています。

現地集合解散で広がる旅のバリエーション(国内)

特定の地域からの参加だけではなく、日本各地から参加してほしい。そのために現地集合解散としています。集合前や解散後など、ご自身で組んだ旅と組み合わせる方も多いです。集合前や解散後は、ご自身で旅のバリエーションをつけることができます。

パンフレットをお送りいたします(無料)。どうぞお気軽に御請求ください。

旅行企画・実施

KAZE 株式会社 風の旅行社

観光庁長官登録旅行業第1382号
日本旅行業協会(JATA)正会員
《東京本社》
〒165-0026東京都中野区新井2-30-4I.F.Oビル6F
WEB: http://www.kaze-travel.co.jp/

受託販売〈お問い合わせ・ご予約はこちらまで〉

株式会社 風カルチャークラブ

東京都知事登録旅行業第 3-6929 号
日本旅行業協会(JATA)正会員
〒165-0026東京都中野区新井2-30-4I.F.Oビル6F
TEL. 0120-987-358
E-MAIL: info@kaze-culture.com

『ネコ科大型肉食獣の教科書』
著者・秋山知伸氏が同行するユキヒョウを探すツアーがあります

インド・ラダックでユキヒョウを探す・12日間

インドのジャンムー・カシミール州東部、チベット文化圏に属するラダックの山岳地帯にあるヘミス国立公園にユキヒョウの姿を探し求める旅。
講師の秋山さんによる事前調査と現地の優秀なガイドの協力を得て臨みます。

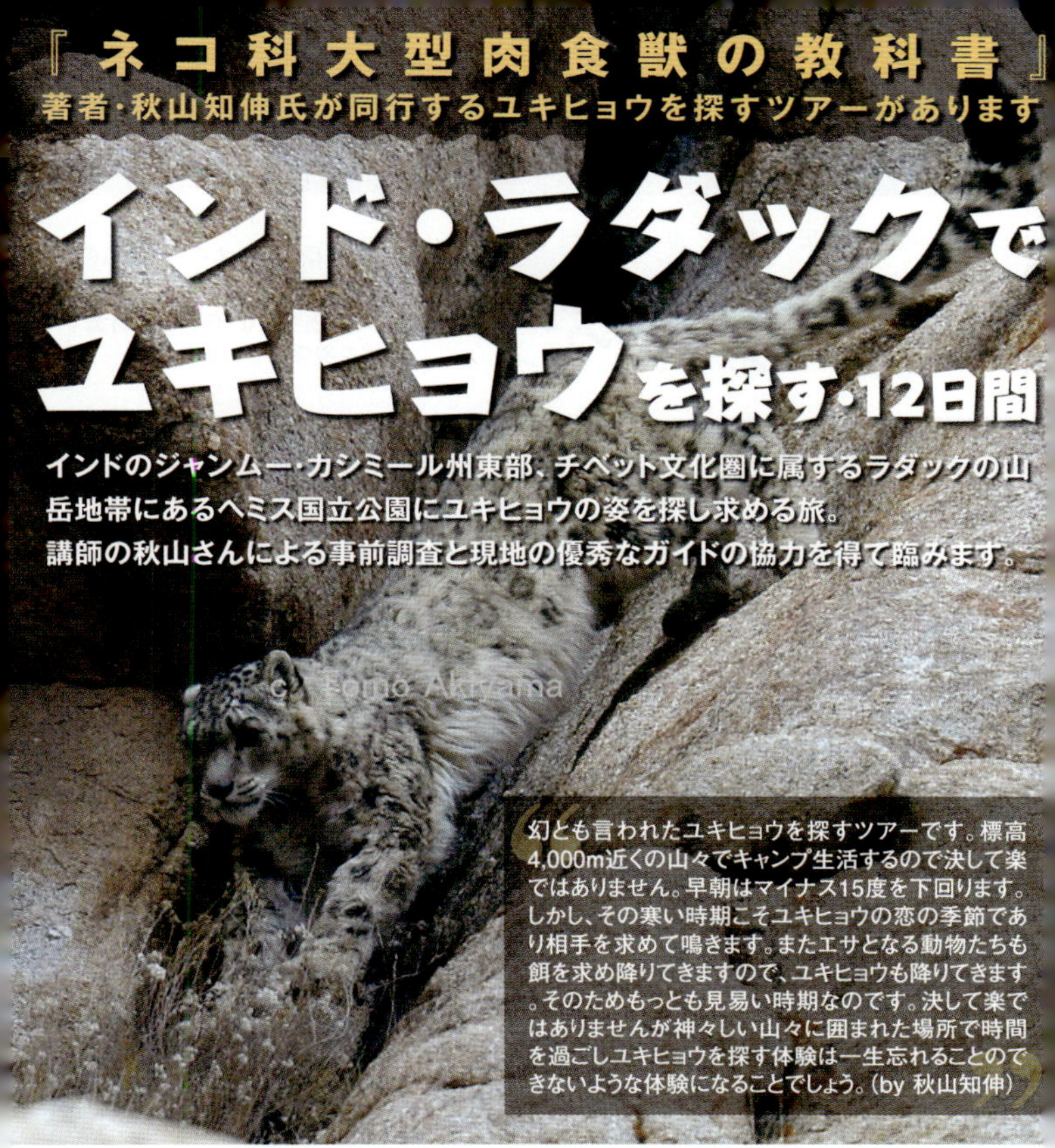

“幻とも言われたユキヒョウを探すツアーです。標高4,000m近くの山々でキャンプ生活するので決して楽ではありません。早朝はマイナス15度を下回ります。しかし、その寒い時期こそユキヒョウの恋の季節であり相手を求めて鳴きます。またエサとなる動物たちも餌を求め降りてきますので、ユキヒョウも降りてきます。そのためもっとも見易い時期なのです。決して楽ではありませんが神々しい山々に囲まれた場所で時間を過ごしユキヒョウを探す体験は一生忘れることのできないような体験になることでしょう。(by 秋山知伸)”

旅行期間 2017. 1. 29 [Sun] – 2. 9 [Thu]

旅行代金 **598,000円**

繁殖期のユキヒョウが最も見やすい時期に設定しました！

※旅行代金以外に空港税、燃油特別付加運賃等が別途必要です。
※詳しいツアー内容は、パンフレットをご請求ください。

主催：(株)風の旅行社／企画：(株)風カルチャークラブ

お申込み・お問合せは**裏面**をご参照ください。

ツアー詳細をHPでCHECK

知る楽しみ、欲張りな好奇心を刺激する

風カルチャークラブ

森羅万象、見るもの、聞くもの、触れるもの、すべてを面白がりたい人の欲張りな好奇心を刺激する場を提案しています。

風カルチャークラブとは？

「講師」の解説で広がる興味

人間も含めた全ての「自然」をテーマに、専門家に話を伺う場を提案しています。講師による解説が知らない世界への扉を開いてくれます。知らなかったことがわかってくることで、新たな興味が湧き、好奇心も強くなってくることでしょう。講師の解説があなたの興味を広げてくれます。

どこで何を知るのか？

現地（現場）主義は、泊まりがけ旅行や海外旅行へも広がります。「風の旅行社」の旅行業のノウハウとアウトドアの実績を活かして、現地に赴きます。企画を立てる時、「旅行」を足場に考えるのではなく、「何をどう学ぶのか・知るのか」から企画を考えています。

「興味を持つ・体験する」きっかけの場

新しいコトに興味を持つ、新しく何かを体験したくなるような、あなたの好奇心に刺激を与える企画を提案しています。思いもよらなかったことを知ったり、興味を持ったりすることで、あらゆるモノゴトにあらたな価値を見いだせるようになる。人生が楽しく豊かになるきっかけを作りたいと思っています。

現地集合解散で広がる旅のバリエーション（国内）

特定の地域からの参加だけではなく、日本各地から参加してほしい。そのために現地集合解散としています。集合前や解散後など、ご自身で組んだ旅と組み合わせる方も多いです。集合前や解散後は、ご自身で旅のバリエーションをつけることができます。

パンフレットをお送りいたします（無料）。どうぞお気軽に御請求ください。

旅行企画・実施

KAZE 株式会社 風の旅行社

観光庁長官登録旅行業第1382号
日本旅行業協会（JATA）正会員
《東京本社》
〒165-0026東京都中野区新井2-30-4I.F.Oビル6F
WEB: http://www.kaze-travel.co.jp/

受託販売〈お問い合わせ・ご予約はこちらまで〉

株式会社 風カルチャークラブ

東京都知事登録旅行業第 3-6929 号
日本旅行業協会（JATA）正会員
〒165-0026東京都中野区新井2-30-4I.F.Oビル6F
TEL. 0120-987-358
E-MAIL: info@kaze-culture.com

ない。

を立てることができる。しかし、まったく気配がないのでどうしようもない。

12月11日

青い空と切り立った断崖と上流部の氷河を眺める。飛翔するイヌワシを見つける。双眼鏡に入れて追うが永遠に追い続けることができそうで、途中でやめる。いくら探しても時々、遠くのアイベックスは見つけられるのだが、それ以外の生き物は見つからない。

12月12日

パキスタンの山にいられる日がもう残りない。突然、奇跡が起きないだろうか……しかし、その願いも届きそうにない。ユキヒョウの鳴き声もなければ足跡もない。

12月13日

とうとう最終日。残り1匹のヒツジをさばいて食べる。新鮮なレバーは本当に美味い。甘い。こうやって神に祈りを捧げてから生き物を殺し、恵みに感謝し、そして本当に美味しいと思って食べる、人が根本に持っていないといけない心である。

前回はユキヒョウの側にまで行けたという意識があった。しかし、今回は古い足跡だけでユキヒョウの気配を感じることすらできない。今のやり方ではユキヒョウには出会えないかもしれない。他の運はなかったとしても、野生動物に会う運だけは自分にはあると信じてきたのに……。

12月14日〜

ギルギットで高級ホテルに泊まる。インターネットも通じる。久しぶりにシャワーを浴び、帰路に向けて身だしなみを整える。

12月17日

帰国。貯金をつぎ込んだので帰ってから仕事に励む。2回の失敗で、果たして野生のユキヒョウを本当に見られるのだろうか、と自信が揺らぐ。それでも諦めきれない。使っていないレンズをネットオークションに出品する決断をする。そうしなければならないほど貯金がなかった。

どうしたらユキヒョウに会えるだろうか？　その答えが心の中に見つからない。

Q
やっぱりネコなんだなぁと
思う時ありますか？

A

ユキヒョウはネコ科ですからね。常にネコだと思ってます。

足跡、体をきれいになめるしぐさ、最も気持ちの良さそうな場所で昼寝をすることなどで特にネコと感じさせられます。

Q

捨てネコだと思って拾って、
ユキヒョウだったらラッキー
だと思う。

A

そのような例が、実際に中国でありました。

中国で捨てネコだと思って拾ったらユキヒョウだったというニュースが流れたことがありますが、常識的に考えて捕まえてはいけないユキヒョウを捕まえ罰則から逃れるための言い訳だったのだと思います。

Q

動物園でもいいので本物を見たいです。

A

実は日本には26頭ものユキヒョウが、動物園で飼育されているのです。

◎旭川市旭山動物園
◎札幌市円山動物園
◎群馬サファリパーク
◎東京都多摩動物公園
◎いしかわ動物園
◎浜松市動物園
◎名古屋市東山動物園
◎アドベンチャーワールド
◎神戸市立王子動物園
◎熊本市動植物園

【和名】チーター
【英名】Cheetah
【学名】*Acinonyx jubatus* (Schreber, 1775)
【体長】110 ～ 150cm
【体重】35 ～ 72kg
【分布】コンゴ盆地を除くアフリカ大陸、イラン

チーターの章

チーターは走りの速さを手に入れるために、爪を出し入れできなくなり、ネコ科特有の爪の鋭さを犠牲にした。狩りの成功率は高くなったが、弱くなりせっかく狩った獲物をハイエナやライオンに奪われることもある。他の大型ネコと比べると私には畏怖を感じさせなく、かわりに不器用さと愛すべき存在に感じられる。

チーターの数は世界の野生下に6700頭と推定されている。アフリカと聞くとゾウやライオンがどこにでも闊歩していると思う方がいるけれど、不毛の砂漠以外はアフリカの大地のほとんどは人間の生活圏であり、アフリカの全面積から見ればほんの点に過ぎないような国立公園や保護地域にしか、ライオンやチーターやゾウが生息する地域は残っていない。6700頭のチーターはアフリカ〜イランまでの広大な範囲の29の点のような保護区にしかいない。およそ4200頭はアフリカ南部に生息し、東アフリカにおよそ2000頭が生息する。サハラ砂漠も南側のステップから砂漠には450頭ほど、そしてイランに最後のアジアチーターの残党が80頭ほどいるとされる。

どうやったらユキヒョウを見ることができるのか？　そんなことを考えて毎日を過ごしていた時、「野生のチーターを見たいけど、どこに行けばいいのでしょうか？」と若い女性に聞かれた。動物園でチーターの研究をしている女子大学院生とその友達二人だった。

二度目のユキヒョウ挑戦に失敗し、同じやり方では難しいのかもしれない……。あの寒く大変な場所に行く心の力が湧かず、少し楽なことがしたかった。単純に楽しい旅がしたかった。

「カラハリに一緒に行こうよ！」私は女子大学生を誘っていた。

ユキヒョウからチーターにちょっと浮気をする。既に大型ネコで見ていないのはユキヒョウだけだった。しかし、写真を撮っているわけではない。ふとユキヒョウを含めた大型ネコ全ての写真を撮ってやろうという野心が心に湧く。チーター、ライオン、ヒョウ、ジャガー、そしてユキヒョウとウンピョウ。それはユキヒョウの挑戦からの逃げだったのかもしれない。

9月16日

成田空港から日本を飛び立つ。南アフリカまでは南米ほどではないにしても遠い。ドバイまで9時間、エミレーツ航空の飛行機に乗って5時間、ドバイ空港で過ごす。女子大生3人と旅をすると思いもかけないことができる。待ち時間にトランプやUNOで遊ぶことができるのだ。そんな楽しみは何年ぶりだろう。ドバイを飛び立ちさらにケープタウンへ9時間のフライトである

9月17日

ケープタウンにお昼過ぎに到着。私にとって南アフリカは天国だ。特にケープタウンは気候が良くて、多くの野生動物に会える。

ヨハネスブルグやダーヴァンの都市部には危険な地域もあると言うが、それはアメリカのロスでも変わらない。スーパーで普通に銃を売っているのもアメリカのようである。レンタカーを借りる。日産のエクストレイルである。片側三車線の高速道路が空港から近代的な街まで伸び

【ケープタウン】現地で必要な物資を簡単に手に入れることができる。ケープタウンに着いてレンタカーを借りたが、今の時代はネットで現地のレンタカーを簡単に予約することができる。この文章を書きながらネットで調べてみた。21日間ケープタウン空港で車を借りて車を返すという設定で小型車なら250ドル、8人乗りのハイエースをレンタルしても855ドルである。アメリカやオーストラリアなどの先進国に比べれば物価は安い。

ている。

ケープタウンの9月は日本では3月である。暑くもなく寒くもないが夕方は肌寒いくらいである。18時間もの飛行機の移動はそれだけでかなり疲れる。体を休めるためにすぐに寝る。B&Bに置いてあったココアが美味かった。

9月18日

朝、起きると青空が広がっていた。テーブルマウンテンが窓から見える。午前中はモールにて買い出し。4人×15日分のパスタや根菜、インスタントラーメンを大量に購入。ケープタウンの港は観光地にもなっていてお洒落な店が並ぶ。ケープタウンからは多くのホエールウォッチングの船や、ホオジロザメを見るためのケージダイヴィングの観光船も出ている。

買い物を終え喜望峰に向かう。喜望峰にはペンギンが生息している。ケープペンギンという種である。人工で作られたたくさんの巣が浜を上

【B&B】ベッドと朝食だけの宿で比較的安い(20$)。ツアー会社を利用せずにこういった宿を予約し、自分で運転すればその分だけケニアやタンザニアよりも安価に過ごすことができる。

がったところに置いてあり、そこにペンギンのヒナがいる。海岸の方へ行くと海から上がってきたペンギンが岩を登っている。短足なので必死に登っているように見えるのが何とも言えず可愛い。海岸のレストランで夕飯を食べるとすでに外は暗くなっていた。1時間かけてB&Bに戻る。

【スプリングボックに到着】同名の偶蹄類がいるが、ここでは街の名前。

9月19日

車で移動。およそ5時間の移動で昼頃にナマクアランドという町に着く。砂漠に一年である時期にだけ一面のお花畑ができることで有名である。ナマクアカメレオンという砂漠を高速で走るカメレオンがいるので見てみたいと思ったが、次の目的地へと急ぐことにする。

9月20日

車で移動。およそ5時間かけスプリングボックに到着。ここで最後の買い物をする。ピザを食べたレストランには大きな中庭があり、ダチョ

ケープペンギン

ウとスプリングボックが飼育されている。ピザを食べる。

明日からカラハリ・トランスフロンティア国立公園に入る。アフリカで最初にできた国立公園で、ボツワナ、ナミビア、南アフリカの3ヶ国の国境にまたがっている。南アフリカの地図を見てもらうと国境に半島みたいに突き出た部分がある。そこがカラハリ・トランスフロンティア国立公園の南アフリカ共和国が管理している部分である。カラハリは乾燥しすぎていて、アフリカの代表的な動物であるゾウ、バッファロー、カバ、サイといった大型動物は生息していない。ライオンも生息はしてはいるが、ケニアのマサイマラのようにロッジを出たら10分以内に必ず見られれほどいない。ライオンにとっては水が少なく過酷な環境で、数は少ない。

しかしライオンよりも乾燥に強いチーターにとってカラハリはうってつけの環境だ。ライオンという天敵が少なく、開けていて、全力で疾走するスペースがあり、身を隠すこともできる大きさの藪もあるからである。


【スプリングボックが飼育されている】南アフリカを代表するウシ科偶蹄類。南アフリカ共和国の動物であり、ラグビーの国代表の愛称にもなっている。

スプリングボック

9月21日

カラハリ・トランスフロンティア国立公園に到着。入口を入ると北に行くルートと西に行くルートで分かれている。予約していたマタマタキャンプのロッジは、西に行くルートでナミビアの国境まで走ったところにある。国立公園内は未舗装路である。入口でタイヤの空気圧を下げる。日中で熱いので動物達の動きは少ないが、それでも2時間のドライブの間にオリックス、ヌー、スプリングボックなどの羚羊、アラゲジリスやミーアキャットを見た。

どこにライオンがいるかも分からない国立公園の中では、極限られた場所でしか車から降りることを許されていない。ロッジやキャンプ場は電気柵に囲まれていて、まるで刑務所の中にいるようである。

キリン、オオミミギツネ、セグロジャッカルの出迎えを受ける。チーターは明日へ持ち越す。

【ミーアキャット】ディズニー映画『ライオンキング』のティモンのモデルとしても有名である。日本の動物園でもおなじみであるがアフリカ南西部に分布し、カラハリ砂漠の代表種である。

【セグロジャッカル】英名ではbatearedfoxという。コウモリの耳をしたキツネという意味であるが、確かにウサギコウモリの大きな耳を彷彿させる。この大きな耳で地中30メートルのシロアリの足音を聞き取り地面を掘って捕食する。

9月22日

朝、キャンプ場のゲートが開く前にゲートに並ぶ。一番に出発した車には、道路に付いた足跡を追うことができる、という特権があるのだ。肉食獣にとって人間が作った道路は歩きやすく、また少し掘れているため草食獣から身を隠して近づくこともできる。キャンプ地から5キロほど進むと道路上に大きなライオンの足跡を見つけた。それを追って走ると、5キロほど進んだあたりでライオンに遭遇する。

マタマタキャンプでのキャンプ生活が始まった。自分用に2人用テントを張り、3人の女子大生用に6人用テントを張る。最近のテントは驚異的に軽い。

キャンプ生活はユキヒョウの時と比べると5つ星ホテルくらいに快適である。キャンプ場にはシャワーが付属しているし、バーベキュー用のコンロもある。その上、各テントサイトには電源がありコンピューターを見ることまでできる。蛇口をひねれば水が出て、塩分たっぷりの飲めない水であるが皿を洗うのには使える。砂漠の真ん中でこんなことがで

セグロジャッカル

オオミミギツネ

きるとは驚異的だ。ユキヒョウの時のように、マイナス20度の外気にさらされることも凍えることもないし、水を得るために氷河の氷を割って重い荷物を運ばなくていい。小さな売店もあり、その売店でジュースや肉や大きなソーセージも買うことができる。だから人を気軽に誘って一緒に楽しみながら動物を見られる。カラハリではテントから出る時に、サソリが靴の中に入ってないか気をつけることが必要だというが、まだ少し寒いので残念ながらサソリを見ることはできなかった。

9月23日

マタマタのキャンプでまた朝一で並ぶ。並ぶメンバーは同じ顔ぶれになることが多い。「キャンプを出て13キロの右側に、昨日チーターが狩りをしてしとめたスプリングボックの死体があるよ」などといつの間にか情報交換をするようになる。道路は基本的には1本しかない。なんとこの道路、マタマタ川の川底だという。水はないのだが、地面を掘れば水が出るという。ところどころにアカシアの樹が生えていて、それを草

食動物が食べに集まってくる。

そして、ついにチーターに遭遇。なんとキャンプを出てすぐのところだ。最も大きな目的を早くも達成、車の中でハイタッチをする。

そのチーターは、生後6ヶ月は経っているだろうか、3匹の子チーターを連れていた。母チーターには研究のためと思われる発信機がついている。残念だが、首輪が付いているため写真の被写体にはならない。

また20分くらい車を走らせるとさっきとは別のチーターの親子に出会う。同じく生後6ヶ月月くらいの2匹の子チーターを連れている。本当にカラハリはチーター天国だ。チーターの子にはタテガミのような産毛があり、体の大きさとその産毛の状態で、生まれてからの日数を推定することができる。チーターはトラやライオンと違って、他個体、群れ以外の個体に寛容で行動圏は重複する。動物園では複数個体を一緒の檻の中で飼育することも可能だろう。

私は以前、ケニアのサンブール国立公園やマサイマラ国立公園でも何度かチーターに会う機会に恵まれた。人生で初めてチーターを野生で見た時、それは夢のような瞬間だった。しかし、マサイマラ国立公園ともなるとチーターの出没情報を無線で観光客の車に伝達され、数分後には30台以上の車がチーターの周りに集まり興ざめしてしまう。

少なくともカラハリではキャンプ場に宿泊できる場所の数で観光客の人数はかなりしぼられている。また道路以外の場所へ車が入ることを許されていないから四方をチーターが車で囲まれるということはないし、背景には砂丘が広がりフォトジェニックであることも間違いない。

9月24日

連日チーターの親子に出会う。

母チーターは2匹の子チーターに何か話しかけるような仕草する。すると子チーターたちは、団子のように重なり動かなくなった。母チーターはその場所から離れ、狩りをしようとしているのだ。遠くにスプリングボックがいる。私たちの車の目の前を通り、身を隠しながら近づこうとしている。世界で最も速い動物が駆ける姿が見られるかもしれない。それにしても団子になった子チーターのことも気になる。

　母チーターがスプリングボックに気づかれてしまった。スプリングボックの群れが遠くへと移動してしまうと狩りは諦めてしまう。母チーターが鳴くと、子チーターの団子状態が解けて母チーターに向かって走ってゆく。

　と、その時……「トイレに行きたい……」突然訪れる現象。しかし、ここからトイレまで東に30分（!）もしくは西に30分（!）。一人ならば小便を入れるためのボトルを1本用意するが、いつもとは違い女子大生が車内にいる。国立公園の中の道路を時速オーバーで走ると、罰金だけではなく国立公園から外に出されてしまうかもしれない。ライオンがいるかもしれない車の外へと、用を足しに出たところをレンジャーに見つかっても同様であろう。

　かなり必死の思いでトイレにたどり着く。砂煙をあげながらトイレの扉を開けて駆け込む。しかし、この時トイレの入り口の扉が開いたままになっていたら要注意である。トイレの中は、コンクリートの熱放散が遅いので涼しい。猛暑日のネコを思い出して欲しい。ネコが寝ているのはもっとも涼しい場所だ。ライオンはネコである……実際に観光客がライオンが寝ているトイレの中に入り、殺されたという事故が起きている。アフリカの国立公園ではトイレは要注意である。

9月27日

公園の入り口からボツワナとの国境に沿って北に進路をとり、3時間ほど車を走らせると、ノソブと呼ばれるキャンプ場がある。その日はとても特別な日だった。ヒョウを見たのだ（この日のことは次のヒョウの章にて書く）。と、同時にブラウンハイエナを見る。

ノブソの北側にある人口水場に行く。ライオンの群れが寝ている。この水場にはヘビクイワシ、ゴマフワシ、ミミヒダハゲワシ等が次々にやってくる。ヌーの群れが遠くから一列になって歩いているのが見える。ヌーの足の裏には臭線があり、ヌーは頭を下げて前の個体の足の裏からの匂いをたどって歩くので一列になるという。

ヌーの群れ

9月28日

ノソブからマタマタへと移動する。途中の井戸で若い雄ライオンが寝ていたので眺めていると、オリックスの親子が現れた。水を飲みにきたようだが若雄ライオンに気づき、水を飲まずに去っていく。

水は生きてゆくのに必要な命である。そして、それを得るのも常に命がけである。

9月29日

朝、チーターの親子に出会う。そして昼頃、アカシアの樹で休むチーターの若い兄弟に会う。なぜ兄弟だと分かるのか？　それはチーターは基本的に単独で暮らすが、兄弟は母チーターと親離れしてからもしばらく一緒に狩りをしながら暮らす。一方で雌は単独で暮らす。若いチーターが2頭で一緒にいればそれは雄で兄弟なのである。

若い雄チーターがいなくなって直後に車とすれ違う。毎朝キャンプ場のゲートで、どちらが最初にキャンプ場を出るか争っているいつもピン

チーターの兄弟

ク色のシャツを着ているお茶目なおじさんだ。あと20秒早くこの場所を通ることができたら、チーターの兄弟を見ることができただろう。同じように、おそらく私たちも多くのものを逃しているに違いない。

10月1日

最終日、翌日は長い移動があるので、できるだけ早く出発できるように公園入口のキャンプ場にテントを張る。「最終日は最も運がいい」とピンクのおじさんが言う。

まったくその通りになる。国立公園の中を自由に移動できない時間帯に、ここから毎晩ナイトサファリのトラックが出ている。その日、それに乗って目にしたものは夕日をバックにチーターの親子がシルエットで浮かびあがる言葉にならない光景だったのだ。

10月3日

朝食を食べ、一路ケープタウンへ、8時間の運転である。

ケープタウンで女子大生がお土産を買うのに付きあう。めったにないことなので売店で売られている土産物が新鮮だ。本屋にも野生動物の写真集や本が並んでいて、思わず数冊購入。

ふとアフリカのウガンダという国のことを思う。森林が多くを占めるウガンダでチーターが生息するのは、南アフリカ、ケニアと国境を接する場所にあるキデポ国立公園だけである。

ウガンダは10年前、内戦状態だったが、現在状況は良くなっているらしい。内戦の影響が心配されたマウンテンゴリラも500頭ほどまだ生き残っていて、観光を再開した。キデポ国立公園は内戦により人が寄り付かず、野生が多く残っていると聞いている。ウガンダ共和国は日本の本州ほどの大きさで、アフリカの国の中で最も鳥類と哺乳類の種数が多い。次はウガンダにも行ってみたいと、ふと思う（その他にも何百ヶ所も行きたいところはあるのだが）。

マウンテンゴリラ

10月6日

帰国する。こうやって野生動物を見るために誰かを連れていくのは悪くない。特に若い女性だと大変さもあれば、楽しいこともある。

トラ、ユキヒョウ2回の挑戦、チーターを探しに行ったことで貯金はなくなっている。さてと、どうやって次の挑戦をするか。ユキヒョウを探しに行きたいが、もう一度挑戦する前にジャガーも撮影したい。アフリカにも行きたい。と考えながら仕事を探す。

それから2ヶ月後の12月26日、突然、携帯のメールに連絡が入る。

「ウガンダ共和国で働かないか？」と書かれていた。

私は約2年間、ウガンダで働くことになる。その2年間、ユキヒョウの挑戦は長期の休みがなくてもできない日々が続く。しかし、職場でライオンやヒョウを見ることができた。そして、またユキヒョウへの挑戦のために貯金することもできた。

Q

チーターから足の速さという能力をとったらどうなっちゃうの？

A

うーん。「蛇足」と言うように、ヘビに足があったらヘビと言わないのと同じで、チーターと言わないのではないでしょうか？

Q

チーターとヒョウって模様は違うの？

A

まったく違います。

ヒョウもジャガーもチーターも、柄はまったく違うのです。そして同じ種でも個体ごとに違って、同一のものはありません。この柄の違いによって個体識別ができ、野生の個体数を推定するのに役立っています。

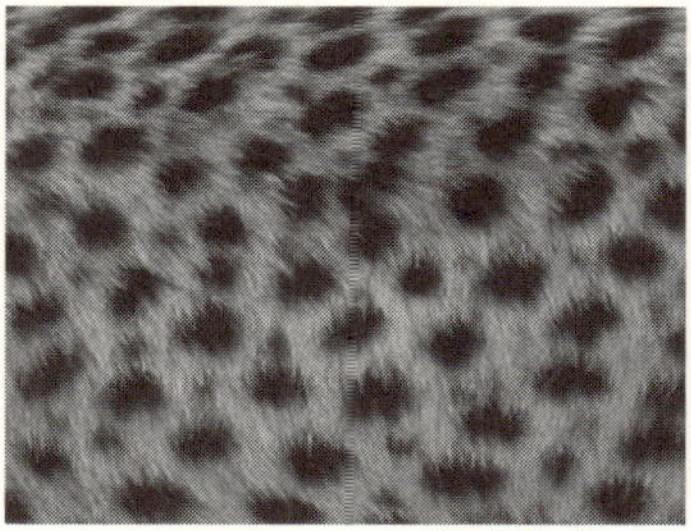

チーター

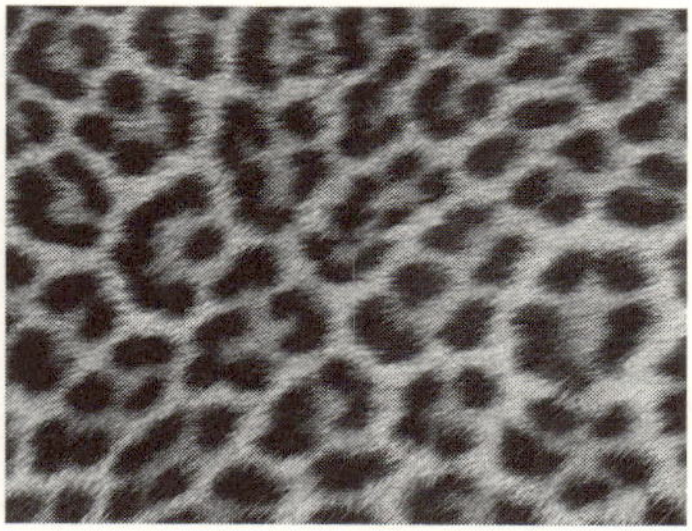

ヒョウ

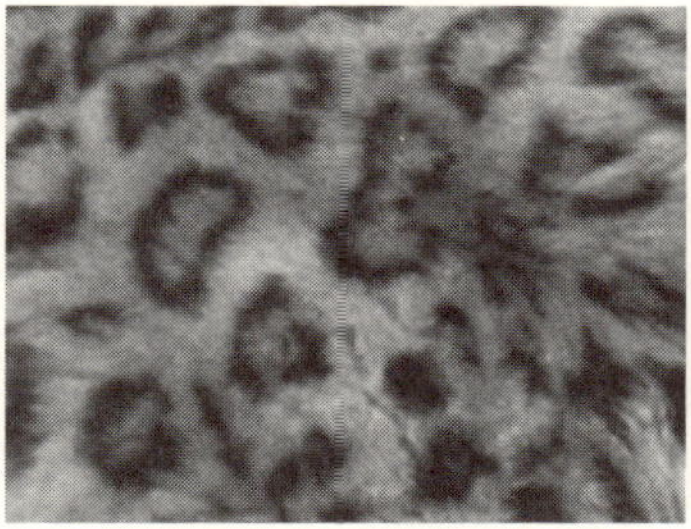

ユキヒョウ

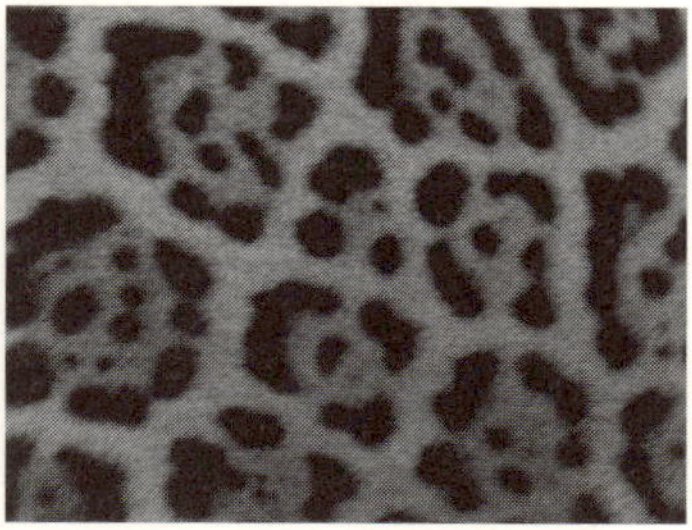

ジャガー

Q

キングチーターって珍しいんですよね？

A

実は、劣性遺伝です。

キングチーターは劣勢遺伝で、ごく稀に出現する斑点模様ではなく、斑点が繋がって雲状の模様のチーターです。

Q

動物園にいるチーターは
走ることに
飢えているのでは……？

A

動物は怠惰な生活をしてエネルギーをできるだけ使わないようにしたいという欲求があります。（私も）

できるだけ楽して食べ物が欲しいものです。食っていけるなら、食っては寝る生活をしたいのではないでしょうか。私自身も、もしユキヒョウがコタツに入ってミカンを食べながら見られるのならば、ヒマラヤの過酷な環境でテントで生活はしたくないのです。そうしないと見られないからしているのです。

Q
チーターの赤ちゃんがかわいすぎます！

A

それは問答無用です。

オトナになると
ちゃんと引き締ります。

Q
スレンダーですよね！スタイルを維持するために気をつけていることは？

A

太ったら走るのが遅くなり、餌を狩れずに、死んでしまいます。スレンダーでなければ生きていけないのです。

ベジタリアンではない。
ダイエットもしてない。

【和名】ライオン
【英名】Lion
【学名】*Panthera leo* (Linnaeus, 1758)
【体長】（雄）170 〜 250cm（雌）140 〜 175cm
【体重】（雄）150 〜 225kg　（雌）120 〜 182kg
【分布】コンゴ盆地を除くサハラ砂漠以南のアフリカ大陸、インド北西部のギルの森

ライオンの章

ライオンと言えばだれもが知る動物であるが、孤高を愛すると言われるネコが群れで生きるのはとても珍しい。珍しいというか現存するネコ科ではライオン1種だけだ。また雄だけがタテガミを持ち、性的二型が顕著であるのも特徴である。アフリカのサバンナの出現とともに大草原が現れ草食獣が大型化した時、それを襲うライオンは集団で狩る社会性というものを得て、地上で最強の生き物になった。そしてアフリカからヨーロッパ、ユーラシア大陸、そしてベーリング海峡を渡り北アメリカまで分布を広げた。東南アジアや日本にまで分布できなかったのは、開けた環境で、共同で獲物を狩るというライオンの力が発揮しにくい森林や熱帯雨林が氷河期にも残り、そこにトラというライバルが存在したためとも言われる。

アフリカで誕生した人類がライオンの後を追うように分布を広げた。それはライオンから生き物の頂点を奪う争いだったのだろう。1万年前には北アメリカのライオンは絶滅しているが、人類の移動と関係があるとも言われる。

我々と同じ人類が現れたのはおよそ15万年前と言われるが、その歴史のほとんどで、人類はライオンより強固な社会性と木や石を武器にしてライオンに対抗し、ライオンのいる場所を歩き、食物を探してきたことになる。そう考えるとライオンのいる草原を生身で歩くのは人類の歴史から考えれば特別なことではない。

カラシニコフを持つレンジャーの護衛とともに、ライオンのいる草原を歩くことが私のウガンダでの仕事の一つだった。JICAの専門家として、マーチンフォールズ国立公園での環境影響評価の仕事に約1年携わった。

人類史の中では普通であったとしても、または護衛がいても、自分を食べる生き物であるライオンが、木陰に隠れている可能性がある地を生身で歩くのは恐くないといえば嘘になる。そして、恐いけれど、その恐怖によって自分の感覚が研ぎ澄まされてゆくその感覚は心地よい。

アフリカと言えば自然の宝庫と思われる方が多いようである。実際にはライオンのいるような場所は国立公園の中だけに限られていて、小さ

【人類の歴史】ミトコンドリアDNAの分析により、現代人の共通祖先の分岐時代は14万3000年前と推定されている。そして、6万年前にアフリカを出た100人の集団からヨーロッパ人、アジア人は生まれたという。

な点でしかいない。ほとんどのアフリカ人はライオンを野生で見たことはないのである。アフリカに行って気軽にライオンが見られるのも先進国に住む人間の特権の一つとなってしまっている。

ライオンは群れで動くゆえにその群れの文化があったりする。南アフリカには一つだけゾウをよく襲うライオンの群れがあるという。乾燥している地域で、ゾウもライオンも生きていくためにぎりぎりの状態にあるのだ。

ウガンダのイシャシャ地区とタンザニアのマニャラ湖の二つのライオンの群れだけが日常的に木の上で休む文化を持つ。

ライオンはＩＵＣＮのレッドリストでは2亜種に分けられている。他を調べるとアフリカのライオンをさらに細かく亜種に分けているものもある。ライオンはアフリカだけに住んでいるのではなく、昔はほぼ旧大陸の全てと北アメリカ大陸まで広がっていた。今はアフリカ以外ではインドのギルの森に５００頭前後が生き残るのみである。１９１３年には

20頭まで減少し、その後の保護で500頭までは復活した。
インドライオンは、亜種に分けられている。アフリカのライオンに比べるとひとまわり小さく、タテガミが発達しないと言われ、腹部にひだ状の皮がある。(巻頭の写真参照)
しかし、実際に野生のインドライオンを見るとタテガミが短いが、ヨーロッパなどで飼育するインドライオンはタテガミが長くなり、短いのは暑さ対策として体が反応しているだけなのかもしれない。アフリカのマサイマラなどでも多く目撃され映像で残されている。赤道直下で、標高が1500メートルあり、生息地のギルよりもかなり厳しい環境だ。
最近の遺伝子の研究ではインドライオンは絶滅した北アフリカのバーバリーライオンに近いそうである。

クイーンエリザベス国立公園シャシャ地区にて

2月6日

木登りライオンを見るためにウガンダの首都カンパラを土曜の朝に出発する。前に書いたが、世界にたった二つの群れだけが日常的に木に登って休むという「木登りライオン」を探しに行くためである。なぜ木に登るのか？　木に登っていると草食動物の動きが分かりやすいから、ツエツエバエを避けるためだとか、地上にいると暑すぎるからなどいくつか説はあるのだがはたして……？　そんな疑問を持ちながら車に乗る。

カンパラの町はアフリカハゲコウが多い。都市部には日本のカラス並にいて、同じようにゴミを漁るが、カラスよりも遥かに大きい。数が少なければ、もしかしたら人気者になるかもしれない……とにかく見ためが酷い鳥である。

ヴィクトリア湖の一部であるマバンバ湿地を左に確認して西に進む。マバンバ湿地は動かない鳥として有名になったハシビロコウの生息場所

【カンパラ】人口165万人。ビクトリア湖の北岸にある標高1190メートル、ほぼ赤道直下にある。1月の平均最高気温28度。7月の平均最高気温25度と年中快適である。

【ツエツエバエ】体長5～10ミリで吸血する。合歓罹病（アフリカトリパノソーマ病）を媒介する。

アフリカハゲコウ

である。車で9時間かけてイシャシャ地区に着く。長時間の運転で、到着したのは夕方であるが、早速サファリに行く。せっかくライオンを見ることができるかもしれないチャンスがあるのに休んでいる暇はない。東アフリカの国立公園で夜のサファリができるところは少ないが、この地では許されている。もちろん、引き続き夜までサファリをして動物を探す。夜にしか活動しないジャコウネコの仲間やサーバルキャットなどを見ることができる。また、縄張りを巡回する雄ライオンにも会うことができる。

その雄ライオンに、「明日は樹の上にいてくれ」など声をかける。

2月7日

早朝、サファリに出かける。睡眠時間は3時間である。入口でレンジャーが「ライオンが樹の上にいる」と教えてくれた。「本当にいてくれた」。

草原に巨大なイチジクの樹がまばらに生えている。その1本に雄ライ

オンが、まるでこちらの心が通じたかのように寝ている。涎を垂らし、百獣の王とは思えぬ姿である。

その時私は気づく。ライオンはどちらかと言えば乾燥し、開けた環境を好む。草原や半砂漠境で群れになったことで、より大きな草食獣を狩ることができるようになった。だから、アフリカでもコンゴ盆地などの密林にはライオンは生息していない。

ところが、草原と森が交わるウガンダでは、ライオンはもっとも森に近い草原に生息している。今までライオンを見た風景の中に、このイチジクのような巨木はなかった。２５０キロのライオンが余裕を持って数個体が登ることができるのだ。ここが一番気持ちのいい場所なのだろう。やっぱりネコのように最も気持ちの良い場所で昼寝をしている。ライオンもネコだから、体重を支えることのできる樹があれば木登りをするのだ。

数時間、樹の上で寝るライオンを観察する。本当はもっと観察していたいが、仕事に戻らなければならない。後ろ髪引かれながらも、午前10

時に首都カンパラに出発。帰ったのは夜中の0時をまわった頃。できるなら仕事など放っておいて、ライオンと同じように風の気持ちの良い日に、木にハンモックでも吊るしていつまでもゴロゴロしていたい。

キデポ国立公園にて

2月18日

ライオンはウガンダにはキデポ国立公園、マーチソン国立公園、クイーンエリザベス国立公園の3ヶ所だけにしかいないと言われている。レイクムブロ国立公園におそらくタンザニアから国境をわたり歩いてきたライオンが2頭いる。総数は350頭と推定されているそのキデポで動物を探していた時である。

「ゾウが死んでいる」と、無線機から流れるスワヒリ語を運転手のPが通訳する。陽炎立つサバンナの上を、ダルマワシが悠然と飛翔している。

「ゾウはどこで死んでいるんだ?」

「南スーダンとの国境のそばらしい」

レンジャーでありガイドでもあるGが答える。

「死んでからどれくらい経つ？」

「まだ分からない」

「死体が新鮮であればまだハゲワシ達が肉に集っているかもしれない。ハイエナが食べものを前にして興奮した声で笑っているかもしれない。分からないならば確かめに行こう。その死体まで連れていってくれないか」

アフリカのサバンナでは、動物が死ねばライオン、ハイエナ、ハゲワシ、ジャッカルなどの掃除屋達がすぐに集まり、あっという間に草原に転がる野骨となってしまう。

中古のパジェロは道なき道を国境へと向かう。日本にいると想像もつかないが、海外には「法の力が及ばない地」が存在する。国境付近や観光ゾーンから外れた国立公園なら銃を持った密猟者がいる可能性もある。国立公園は広くて目が行き届かない。揺れる車の中で私はレンズを抱え、Gは肩に掛けたカラシニコフを握りしめる。キデポ国立公園で車から野生動物を探すサファリを楽しむには、Gのようなレンジャーガイドを雇うことが義務である。彼らはガイドと同時に観光客が勝手な行動をしないよう監視し、危険を回避する。そのためには銃は必要である。

尾を天に突き立てて走るイボイノシシ、バッタのような長い顔をしたハーティビーストが跳ねるのを眺めながら、道なき道を既に1時間以上走った頃だろうか。「あそこにピラミッド型の山が見えるだろう。あれがウガンダと南スーダンを分ける国境だ」とGが言う。

「ゾウが死んでいる」……象牙を狙う密猟者によって殺されたとも考えられる。密猟者とレンジャーは銃撃戦をすることもある。

山の麓に死んだゾウがいる。ピラミッド状の山が手に届くほど近くなった時だった。突然地が揺れ、アカシアの樹が倒れ、砂塵があがる。何十頭ものゾウが車を見て、慌てて逃げ始める。ゾウはこんなに速く走れるのかと驚嘆していると「妙だな」とGが言う。

「ゾウはとても強い動物だ。そのゾウが威嚇もしないで逃げるなんて何かがおかしい。我々を見て密猟者だと思っているのだろうか。でもゾウは

賢いから、このレンジャーの服を着ている人間は密猟者ではないと知っているはずなのだけど……」

国境の見張り小屋が丘の上に建っている。見張り番のレンジャーは遠くから我々の車に気づいていたのか外で待ち構えている。

「ゾウが死んでいると無線で聞いたのだが」同僚であるはずのGが聞いているにもかかわらず、怪訝な顔をして、草原のある方角を指さす。

私が双眼鏡を覗くと、数百メートル先に見たこともないほどの大きな象牙を持った立派なゾウが転がっている。こんなに大きなゾウを見たのは初めてである。「象牙が残っているということは、密猟のために殺されたのではないのだろうね?」と私はPに声をかけたが、なぜか返事をしない。

私はもう一度、双眼鏡を覗く。「そうだ。なぜか1羽のハゲワシもゾウの死体にはいないではないか。倒れている姿を見ると死後硬直している。死んでからそんなに時間が経ってないということだ。そもそも東京都よりも広い国立公園なのに、なぜこんなに道から近いところで、しかも見張り小屋の真下で死んでいるのか。病気で死んだということも考えにくい……何か妙だな」

その時、後ろから物凄いスピードで、砂埃をたてながら1台のトラックがこちらに向かってくるのが見えた。トラックの荷台には同じく野生動物を守るべく雇われたレンジャーが制服を着ている。トラックは私の前で急停車する。そして、降りてきたレンジャーは我々に銃口を向ける。このレンジャーがゾウを殺したのかもしれない（本当のところは私にはわからない）。

「密猟を知られたから片づける気なのか……」

トラックの中から高官らしきレンジャーが同僚であるはずのGを「なんでここにいるのだ」と、銃口を向けることをやめずに怒鳴る。

その時、とっさに私は高官に言う。なぜそんな言葉が出たのかと今になって思う。

「あの、カラモジャアパリスはどこにいるんですか？」

ゲリラに捕まった時に「助けてください、解放してください」と言っ

【カラモジャパリス】和名はウガンダイロムシクイという小さな鳥でキデポ国立公園付近の狭い地域でしか見つからない。

た人は殺され、「魚を捕まえにきたのだから、魚を捕まえさせろ」と言った者は助かったという。「助けて」と言うことは、相手が都合の悪いことをしていること認めているということである。鳥を探してここまできた、象牙のことなど興味はないと暗に示し、とぼける。

「カラモジャアパリスはここにはいない。ゾウの死因を調べに来たのだ」と高官は慇懃無礼に向き直り、その場を去るように命令する。

カラモジャアパリスの呪文の効用があるうちに速やかに立ち去るしかない。慌てて逃げたゾウように車を走らせて、観光ゾーンへと私達は戻る。

公園内のホテルがある中心部に戻ったのは日が沈みかけた頃だった。草原に1台のジープが停まっているのが見える。遠くからでも高級ホテルの車であることがわかる。観光客が二人乗っており、寝そべるライオンを見ながら運転手が振る舞うワインを楽しんでいる。なんて贅沢なのだろう。キデポ谷に来る観光客の多くは、飛行機をチャーターできるような、一泊5万円の宿泊費を払うことを厭わないような富裕層である。マサイマラなどの有名な国立公園とは違い、観光客は少なく、ライオンやチーターを何台もの車で囲んでみるようなことはない。

観光客が落とすお金がなければ国立公園の維持はできない。たったの四半世紀で、世界各地の国立公園や保護区で数え切れないほどの生き物が絶滅している事実には触れず、〝手つかずの自然〟という謳い文句で観光客を呼び続けねばならない理由がそこにある。

ゾウは守るべき立場の人たちによっても殺されているのは事実である。アフリカの多くの国で政府関係者が象牙の密輸で逮捕されている。象牙は切られ、金に変えられる。肉と皮は放置されたままになるだろう。

アフリカの国立公園の多くは現在の法律が設定される前まで、遊牧民が何万年も前から暮らす土地だった。狩猟採集をして暮らしていた住民は、ある時突然、国立公園という自然保護地区ができたことによって密猟者と呼ばれるようになった。

現在、国立公園の側に住む住民たちは電気も水道もなく、子供たちを学校に行かせる費用を稼ぐのも難しい。そして野生動物の肉は一般的な家畜の肉より高く売れるからと命をかけて、国立公園の中で動物を捕る。

国立公園のレンジャーの多くは、時には密猟者と銃撃戦をし、野生動物を守るという命がけの仕事をしている。その月給は、国立公園内の高級ホテルの一泊分にもならない。苛酷な状況の中、象牙という簡単に数年分のお金になるものが目の前にあれば、それに手を出す者が現れることは残念であるが当然でもある。

マーチンソンフォールズ

Q
ライオンとトラ、戦わせたらどっちが強い？

A

ローマ時代には実際に、トラとライオンを戦わせたことがあったそうです。

ローマ時代には実際にトラとライオンを戦わせたことがあり、トラが勝つことが多かったそうです。トラの方が大きく、一般的に体重が重い生き物の方が強い、とは言われます。でも、だからといって確実にトラの方が強いとは言い切れません。

ライオンはかつてアフリカ、アジアからアメリカ大陸まで分布していました。群れになるという習性を得たので、他の大型肉食獣に対し優位になったからだと考えられます。トラは群れでいることの意味の少ない森林で生きることになりました。

Q
ライオンの肉球も柔らかいのかなぁ？

A

肉球は柔らかくないと役割を果たしません。

ネコ科の肉球は柔らかいことで歩く時の足音を小さくして、獲物に気づかれないように近づくことを可能にしています。柔らかくないとならないのです。

Q

雄のたてがみを刈っちゃったらどうなるの？

A

モテなくなるかも。

ライオンの雄にはタテガミがなぜあるのか？　進化論からすればおそらくタテガミがあったことが生存に有利になる時期があり発達したのでしょう。その有利な点として二つ有力な説があります。最も有力なのはタテガミのある雄が雌にモテて、選ばれたというもの。もう一つは縄張り争いで雄同士が戦う時にタテガミで相手を威圧したり、首を保護するのに役立ったというものです。

タテガミを刈ったら前者だったら雌にモテなくなり、後者だったら縄張りを維持できなくなるかもしれませんね。

Q

ライオンって
もしかして雌の方が強いの？

A

生き物全般に言えるのは、やはり「女性にはかなわない」ということでしょうか。個人的見解です……。

強さとは多くの定義がありますね。一瞬の力ならば哺乳類全体で雄が雌よりも強いのが普通です。怪我や出血に対する耐性など雌の方が生存する力という点では強いことが多いです。女性にはかないません。

Q

狩りは主に雌の仕事と聞いてびっくり！　ライオンの世界は女性が働きやすい環境なんですか？

A
実は雌に狩りをしてもらう雄はほんの一部だけなのです。

狩りは主に雌がするというのはかなり一人歩きしていると思います。

第一に、餌環境の少ない地域では雄も狩りをしないと生きていけないので、群れの中で雄も雌も狩りをします。そしてライオンの生息域の中で、雄が狩りをしないでもいいほど餌に恵まれている地域は少ないのです。

第二に雄全体の中で、群れを持てる雄は少ないです。群れを持てない雄は、群れのいない場所で、より餌動物が少ない環境で、1頭もしくは数頭の雄兄弟で自分達で狩りをしなければなりません。その苛酷な生活に耐えた一部の数少ない雄だけが、短期間雌に狩りをさせる生活を許されるのです。

Q

ライオンに食べられないためには、どうすれば良いですか?

A

餌と思われないようにすることです。

ライオンがヒトの肉の味を覚えて、ヒトを襲う目的を持って行動したとしたら避けるのは難しいかもしれませんが、そういうことは極めて希です。

餌とも思わない動物をいきなり狩ろうとはせずに、最初に威嚇、警告をします。そういう行動を見逃さず、深入りはしないようにしましょう。

【和名】ヒョウ
【英名】Leopard
【学名】*Panthera pardus* (Linnaeus, 1758)
【体長】130 ～ 190cm
【体重】30 ～ 80kg
【分布】アフリカからアジアまで広く分布

ヒョウの章

ユキヒョウのことを白いヒョウと冒頭で書いた。しかし、ユキヒョウとヒョウはまったく異なる生き物であり、種が違う。学名はヒョウが ***Panthera pardus*** で、ユキヒョウは ***Panthera uncia*** もしくは ***Uncia uncia*** となっている。

後者の学名をとるならユキヒョウはヒョウ属ではない。ライオンは ***Panthera leo*** であるからヒョウ属である。つまり、ユキヒョウのことを白いヒョウとして説明するのも、白いライオンと説明するのも同じである。

さらに2006年の論文によるとDNAの分析の結果、遺伝子的にユキヒョウはトラに最も近いということになっている。ユキヒョウを〝白いヒョウ〟と説明するのなら〝白いトラ〟と説明する方が分類学的にはより正しい。

それでも不本意ながら、ユキヒョウのことを〝白いヒョウ〟として説明しなければならないのは、形態や大きさや知名度などの要素による。ユキヒョウには班があり、ヒョウにも班がある。トラは縦縞模様だから違う種類だと認識されるのが当然だろう。それに白いトラと説明すれば、動物園で飼育されている色素欠乏症の、いわゆるホワイトタイガーを思い浮かべる。まだ白いヒョウと言われた方が想像しやすい。

ヒョウはヒョウで、ユキヒョウはユキヒョウでトラはトラと認識しておこう。

ヒョウは大型ネコの中でもっとも身体のバランスがとれていて万能である。

ライオンやトラは体が大きすぎて、小型鳥を獲っていたらエネルギー的にマイナスになってしまう。ところがヒョウは大型草食獣を狩ることができるほど大きいが、小型鳥を食べても効率よくエネルギーを摂取することができる。チーターのように足の速さを武器にしているわけではないが、音を立てずに至近距離まで獲物に近づき瞬発力で仕留める。

それゆえ、草原、半砂漠、深い熱帯雨林にも生息でき、また寒さにも適応している。スリランカのヒョウはスリランカヒョウと呼ばれヒョウの亜種になっている。トラやライオンがいないためヒョウの中で大きくなり見やすいと聞く。ロシア極東にはアムールヒョウと呼ばれる亜種がいる。寒さに適応して毛が長い。野生下には30頭くらいしかいないとも言われ絶滅寸前であり、私にとって見るのは夢でもある。

インドネシアにはジャワヒョウと呼ばれる亜種がいる。ジャワヒョウはクロヒョウの出現率が高い（クロヒョウはヒョウの色彩変異であり同じ種である）。とくに西部の森林部で高い。クロヒョウを探しにも行ってみたい。

大型ネコの中では最も分布が広い。アフリカのライオンやチーターの生息地、そしてインドではライオン、トラの生息地、ボルネオ島以外のウンピョウの生息地にもヒョウがいる。

分布が広くて数が多いことと、その動物の見やすさは必ずしも一致しない。ライオン、チーター、トラに比べると野生のヒョウを見るのはかなり難しい。ライオンやトラはその地域で最も強く天敵がいないから、隠れる必要がない。しかし、ヒョウはライオンやトラに会えば殺されてしまうかもしれない。ライオンは草原の日陰で昼寝する。トラも人の車

【クロヒョウ】ヒョウの劣性遺伝で時々現れる。よってクロヒョウとヒョウは同じ種である。真っ黒になることをメラニズムと言い、多くの動物で観察される。ライオンやトラの部分黒化した個体は見つかっているが、全身黒化した個体は見つかっていない。時折ネット上で黒いライオンを見かけるが、画像を加工したものである。

に慣れてしまえば堂々と道を歩く。あの美しく目立つヒョウ柄は藪の中では完全な保護色、隠蔽色になり発見するのは簡単ではない。

最初に野生のヒョウを見たのは、初めてアフリカに行った時のケニアのナクル湖である。それ以来ヒョウとは不思議と縁がある。

ケニア　ナクル湖

ケニアのナクル湖はフラミンゴを見るために立ち寄るところである。同時に多くの絶滅危惧種を放し、増やしていたりする。たとえばシロサイがいる。それからウガンダキリン（もしくはロスチャイルドキリン）がいる。キリンはその模様でいくつかの亜種に分けられている。その亜種の一つでウガンダのナイル川より北側に生息する。ウガンダは1980年ごろから内戦状態に入り、ナイル川をはさんで戦争状態だった。その時、野生動物が犠牲になったのだ。その一つがウガンダキリンである。ウガンダキリンの生息地は狭められ、一時期はマーチソンフォールズ国立公園の北側だけに限られてしまい、数百頭まで減少。そのまま内戦が続けば兵士の食料などにもなり、絶滅すると考えられた（まさかそのマーチソンフォールズ国立公園が、後の職場になるとは思っていなかった）。そこで数頭をナクル湖に移動しナクル湖をノアの箱舟にした。だから野生といっても人為分布である。

ウガンダキリン

サンブール国立公園からケニア山国立公園、アバーディア国立公園と宿泊しながらケニアを移動し、ナクル湖に着いた時には雨だった。当然、旅行の行程の中でナクル湖でしかウガンダキリンを目にする機会はない。一方、ケニアで寄った6つの国立公園のどの公園にもヒョウは生息していたが、ナクル湖が最も見られる確率も高いことも知っていた。雨のアカシアの森の中で一瞬だけ見たウガンダキリンは体色が濃く、今までに私が見たキリンとは異なっていたが、あの大きな体躯でも森の中に入れば姿が隠れてしまいほとんど見ることができなかった。

翌日にはマサイマラに向けて長距離移動が入り、ナクル湖でサファリをする時間は予定に組み込まれていない。ナクル湖はそんなに大きくなく、フラミンゴ以外見るものが少ないので多くのツアーは滞在時間をほとんどとらない。

その時、私はドライバーに交渉した。「マサイマラに到着するのが遅くなってもいいから、少しだけ、もう一度ナクル湖をサファリする時間をくれないか。ウガンダキリンはここでしか見ることができないけれど、昨日は雨でしっかりと見ることができなかった」

ウガンダキリンなら少し探せば見つかるだろうからドライバーは申し出を受け入れるだろう。もしヒョウを見たいからと言ったら、確率は低いので却下されてしまうだろう。ツアーを使っている場合、ドライバーはもちろん客が喜ぶように行動したいと思うだろうが、早く次の目的地に着いてしまって安心したい気持ちや、長い距離の運転があるから早めにお客をホテルに預けたいという気持ちもある。なので、少しでもフィールドにいられる時間を長くするための駆け引きは大事だ。それによって野生動物に会える確率が高まる。

交渉のかいあってウガンダキリンを見ている時だった。無線からスワヒリ語で「ヒョウ」という言葉が届く。ケニアでは動物の出現を共有している。そのためヒョウやチーターが出たと同時に100台に近い車が1ヶ所に集まる。ナクル湖でキリンを優雅に見ていた車、フラミンゴのダンスを楽しんでいた車、いつも下を向いているシロサイが頭を上げる瞬間を待っていた車がその無線を聞いて一斉にエンジンを駆け、ナクル湖畔の道路を走らせ、その1点に向かう。私はヒョウが見られるかもしれないと気持ちが高揚している。

ナクル湖の入り口ゲートのそばに13台の車が集まっていた。そのそばにヒョウがいるのは違いない。他の車が見る方向を見て、ヒョウのいる方向を予測する。

そして日が差し込むアカシアの明るい森の中を歩くヒョウを見つける。子ヒョウを2匹連れている。もっとヒョウを見ていたかった。1日でも2日でもその美しい姿を見ていたかった。しかし、マサイマラまでは遠く、数分後にマサイマラへと向けてドライバーはエンジンをかける。「お前たちは運がいい。2ヶ月ヒョウを探しても一度も見られない人もいる」とドライバーは言う。

サプラ国立公園

私はトラを探してインドのサプラに滞在している。おそらくもう

100食以上のカレーを食べ続けている(トラの章でバンダウガル国立公園のことを書いているが、その時にカーナ国立公園やこのサプラにも立ち寄った)。

サプラはまだあまり観光開発されていないので、滞在期間中、世界最大の牛ガウルや、サンバジカとの出会いをゆっくりと楽しむことができる。ヌマジカ、ガビアルやカワイルカ、ナマケグマ……しかし、トラの姿は見当たらず、見つかるのは足跡だけ。それでもトラを探し続けていた時である。ドライバーの携帯が鳴った。「ヒョウが樹の上にいるから急げ!」

ドライバーと向かうと2頭のゾウが待っていた。車を降りてゾウに乗り換える。ゾウ使いが言うには、若いヒョウがサンバジカの子供を狩って樹の上に留まっている。それをドールが狙っているという。

「このゾウは以前にバンダウガル国立公園で、インド人の観光客を二人殺してしまったんだ。だからこちらに移されたんだよ」とゾウ使いは平然と言う。それはまさに私が今、乗っているこの大きなゾウである。

インドではゾウは神様だ。人の命よりゾウの命が大切である。人を踏んで殺したからといってゾウが殺されることはない。

神であるゾウにバナナの束を貢ぐと、ゾウは足を曲げて私が背中に登るための足場を作ってくれる。ゾウは森の中に入ると、バリバリと樹を倒し道を作り、さらに、丁寧に目の前の枝を払い落とす。背中に乗っている私が枝に引っかからないように鼻で枝を払いのけて進むのだ。その上、小川の中も進む水陸両用の乗り物である。やはり神様は違う。

しばらくすると「ヒョウがいる!」地上にいるのだが、サンバジカの子供を咥えて、樹を素早く登る。それに合わせてゾウはヒョウが登った樹の下に移動する。写真を撮ろうとするとゾウはまったく動かなくなる。カメラがぶれないように気を遣ってくれているように。

すると、今度は私が乗っているゾウの下に2匹のドールがやってきた。持っている望遠レンズでは近すぎて写真を撮るのは難しい。ドールはインドの森に住むオオカミのようなイヌ科の動物である。樹の上にはヒョウがいる、ゾウの足下にはドールがいる……まるで天国だ。

ドール

ドールはヒョウが仕留めた餌のおこぼれを待ちきれずに涎を垂らす。ヒョウはドールが気になっているようだったが、サンバジカを食べ始める。食べる時の内臓を食いちぎる音が聞こえる。2時間経っただろうか、ドールは諦めた様子でその場を立ち去る。

それからしばらくしてヒョウはすっかり食べ尽くしたサンバジカとともに下りてきて、森の奥へと消える。ゾウ使いが私に言った。「5年もここで働いているがこんな瞬間初めてだ。お前は運がいい」

カラハリトランスフロンティア国立公園

チーターをマタマタキャンプで観察し、カラハリトランスフロンティア国立公園の入り口にあるキャンプ場で一泊し、チーターのことを書いた時のようにノソブのキャンプ場に着く。マタマタのキャンプに比べてアリ塚とアカシアの樹が多い。マタマタより少し水量が多いように思える。ノソブはライオンの数が多く、チーターの密度は低い。午後はライオンを観察する。そして夜、キャンプ場から出ているナイトウォッチングのトラックサファリを予約し乗った。国立公園の公の車であり、観光客が入ることの許されない道路にも入る。その車に乗っていると、初めてブラウンハイエナを見るが遠い。警戒心が強い。

出発時にガイドが「何が見たいか」と私に聞いた。「ヒョウとブラウンハイエナとラーテルとツチブタが見たい」と私は欲張りに答える。ガイドは「ヒョウは今月3回見た」と言う。「ブラウンハイエナは2日に1回くらいの割合で見る。ラーテルは1回だけ、ツチブタは見ていない」今日は9月27日であるからヒョウを見られる確率は9分の1と計算する。

まもなくヒョウが現れる。9分の1の確立なら当たることもある。歩いていたヒョウは車から30メートルくらいのところでゴロリと横になる。警戒心が強めのヒョウが、ライオンのいる陸上でゴロリと横になる姿を晒すのことは少ない。もちろん車を停めて観察する。10分くらいするとヒョウは起きる。そしてまっすぐにトラックの方に向かってくる。

500ミリレンズのファインダーからヒョウを見ていると、私を見ながらまっすぐにこちらに向かって歩いてきているように見える。そして、美しい姿を見せつけるようにトラックから3メートル前の道を横切り、藪の中に消えていった。

チーターの章でも書いたようにカラハリには12日間ほど滞在した。そこで、最終日にヒョウが道を横切った。一日あたりで考えるとヒョウを見ることができる確立は6分の1になる。横切ったのあとヒョウは一度振り返り私を見た気がする。夜に最後のサファリに行く。公園入口キャンプから出ているトラックに乗る。

さらにカラハリでの最終日にチーターと夕日を眺める。その運転手兼ドライバーが明日カラハリを出ると言うと「楽しかったか？ なにがもっともよかったか？」と聞く。「今日の夕日とチーターは素晴らしかった。あと12日間でヒョウに2回会ったよ」と答える。

その彼は「それは言わないでくれ。2ヶ月ドライバーしてるけどヒョウを一度も見ていない。殺したくなるほどうらやましい」と言って笑う。

「こんな場所で働けるなんて私からみれば殺してやりたいほどうらやましいよ」と返す。

ヒョウを見るのはいつも特別なことである。ライオンを探し、トラを探し、チーターを探している時に、突然その幸運が訪れる。しかし、ヒョウを旅の中心に据えたことはまだない。

ウガンダにて

ヒョウと私は不思議な関係で結ばれている。私はウガンダで働いている時、現地の方から名前をいただいた。その名前はKAVUMA（カヴマ）という。ウガンダでの私の本名である。ウガンダの名前にはクランがある。ライオンのクラン、バッタのクラン、ハイギョのクラン、羚羊のクラン、など名前が動物のクランに属していて、父親のクランを引き継ぐらしい。KAVUMAはヒョウのクランの名前である。仕事で調査中にヒョウの足跡を見つけた時の顔が印象的だったので、ヒョウのクランの名前を与えたという。もちろんヒョウは好きな動物であるからヒョウのクランに属するのは悪くない。しかし、クランには規則があるという。なんと同じクランに属する生き物を食べてはいけない、そして結婚してはいけない。あの美しいヒョウとの恋は実ってはいけない。

ナイル川

Q

アニマル柄の代表と言えば
ヒョウ柄、
なんででしょうね？

A

ヒョウは美しいからです。
ただしヒョウ柄を纏って
も美しくなるとは限りま
せんのでご注意を。

Q
ヒョウがヒョウであることの最大の特徴は？

A

肉食動物としてのバランスではないでしょうか。そして、時に民家にまで侵入するような大胆さ。

Q
ヒョウが苦手なモノって
なんですか？

A

ヒョウはトラやライオンに殺されることがありますから、それらがとても苦手です。

ライオンがいる地域ではできるだけすぐに逃げられるように、川沿いの樹がある場所に移動していたりします。

Q ヒョウはどうして木の上で餌を食べるの？

A

安全だからです。

ヒョウはそれなりに強いですが、自然界にはヒョウよりも強い肉食獣がいます。アフリカであればライオン、集団となるブチハイエナやリカオン、アジアであればトラ、ドール等です。しかし、ヒョウは木登りが得意な柔軟な体を持っています。そのため樹上がヒョウにとって安全な場所になるのです。

食事の時間くらいは落ち着いて食べられるところを選んだのでしょうね。

Q

ヒョウの生息地を地図で見ると不思議な分布の仕方をしてますね。

A

大陸にいたり、大陸から離れた島にいたり……小学生の頃からずっと疑問に思っています。

アジア大陸にはヒョウがいて、スマトラ島とボルネオ島にはいないのに、なぜかスマトラ島より大陸から離れたジャワ島にヒョウがいます。

トラはかつてジャワ島にいましたが、絶滅してしまいました。

ボルネオ、スマトラ、ジャワの哺乳類の分布はとても不思議です。大陸に最も近いスマトラ島とボルネオ島にはウンピョウがいるけれど、ジャワ島にはいるヒョウがいない。

スマトラ島とジャワ島にはトラがいる（ジャワは最近までいた）、でも、ボルネオにはいない。

オランウータンがボルネオ島とスマトラ島にはいてジャワ島にはいない。

まるでジャンケンをしているような生物分布がどうしてできたのか……。小学生の頃に図鑑を見続けて生じたこの疑問に30年経っても答えは出ていません。

【和名】ジャガー
【英名】Jaguar
【学名】*Panthera onca* (Linnaeus, 1758)
【体長】120 ～ 185cm
【体重】45 ～ 158kg
【分布】北米大陸南部から南米大陸

ジャガーの章

ジャガーはネコ科の動物の中でトラ、ライオンに次ぐ大きさであり、南北アメリカでは最大。また身体に比べ頭骨が大きく、その分、噛む力が非常に強いのが特徴である。

体色は黄色で背面には黒い斑紋に囲まれたオレンジ色の斑紋が入る。この輪の中に黒点があり梅花紋と言われている。

ヒョウと区別がつきにくいように思うかもしれないが、よく見ると模様も違い、足は短く寸胴である。ネコの中では不格好で最もブルドッグっぽいと思ってしまう。


20年前、いやほんの10年前まで野生のジャガーはユキヒョウと同じくらい見るのが難しい動物だった。そのジャガーを偶然に20年前に見た。その時はジャガーを見ようとも思っていなかった。しかし、学部生の時にコスタ・リカでサルの調査ボランティアに参加し、橋の上でサルを待っていたら下流側に大きなネコが泳いで渡るのを見た。ジャガー目撃記録はその場所にはなく、ジャガーを見たとは言えなかった。

熱帯雨林の中では、ジャガーに3メートル近づいたとしても手前の藪で姿が見えないことが多い。このことはウンピョウや他の生き物にも言える。草原より森林性の動物は見つけることが難しい。

ジャガーは熱帯雨林以外にも広く生息する。北米大陸まで分布を広げ、アメリカとメキシコの国境地帯にも生息していると言われるが、その地域ではとても希少であるらしく足跡の報告すらほとんどない。もしあるアメリカの大統領候補の演説のように、メキシコとアメリカの国境に柵を作ったら、最近、自動撮影機で存在することが確認されたジャガーの生息地を分断してしまい、数少ないアメリカ合衆国の個体群が絶滅する可能性もあるのだ。

大学生の頃、口笑をヒッチハイクした時にコスタ・リカで見たのは本当のジャガーだったのだろうか？　幻ではなかったか。写真などの証拠はない。もしかしたらオセロットなどの体に斑のあるもっと小さい野生のネコだった可能性はないだろうか？　見に行くしかない。ジャガーをしっかりと見て写真にも残そう。そのためにパンタナルに行こう。「今はもうジャガーは幻の動物ではない」と旅客券を買う。

パンタナルとはブラジル、パラグアイ、ボリビアにまたがる大湿原のことである。その広さは19万5000平方キロメートルにもなる。（ちなみに本州の大きさが22万7943平方キロメートル）この大湿原はパラグアイ川とクイアバ川の流域に広がる湖や池と森やセラードと呼ばれる草地がモザイク状に複雑に混じりあう。雨季には河川が氾濫し、そのほとんどが水没する。そして乾季にはほとんど水が引く。ダイナミックな場所である。

雨季はその水の氾濫によって奥地へ近づくことが難しいが、乾季には川を使ってボートで奥地に入ることができる。

ジャガーのような魅力的な動物ならば世界から多くの人が一目見たいと集まる。野生動物が存在しているということが現地の経済にとって良い影響をもたらす。そして、ジャガーが集めるお金を使って自然の一部を守ろうとする。インフラが整えられる。そうやって秘境と宣伝される時、残念なことに一つの秘境が消える。しかし、もしツアーなどの人間活動に利用しないと、知らないうちに畑や住宅地になってゆく。

パンタナルは生物の豊かな場所である。乾季になるとジャガーは餌を獲ることにまったく苦労しない。水が減り、大きな湖が小さな干上がりそうな水溜りになる。水を主な生活圏にする動物は行動範囲を狭くしなければならない。干上がりそうな水溜りにはコビトカイマンというワニが数百匹の単位で集まっていて逃げ場もない。ジャガーにとっての食い放題のレストランがオープンする。この時期ジャガーは干上がり始めた川や池に沿って歩く。河原で休み、カピバラやメガネカイマンを狙う。

パンタナルに保護区ができ、その保護区内のジャガーは毛皮のためなどで殺されることが少なかった。そして研究者が川から観察を続けることで、ジャガーの人間やモーターボートの音に対する恐怖心を徐々に減らすことによって、観光客がジャガーを目撃することが可能になった。トラの場合は1970年代初めには人間に慣らしていく行為が始まり、ジャガーは2000年代に始まった。そして幻のジャガーは幻でなく

【メガネカイマン】アリゲーター科カイマン属に分類されているワニの一種。全長250センチになる。小型種のため人間を襲うことはあまりない。ジャガーの餌にもなる。

なった。今は乾季に3日間、ジャガーを探せばほぼ100パーセント見ることができる。

9月10日

ウガンダから一時帰国した1週間後、私はブラジルのクイアバへと向う。まずはワシントンまで14時間のフライトである。身長190センチもある私にはエコノミーの座席では足をほとんど動かすことができない。

9月11日に近い日程を選んだのが良くなかった。ワシントンでは入国審査が非常に厳しく、何時間も列に並ぶ。ここからサンパウロまで10時間、さらにサンパウロからクイアバまで3時間飛行機に乗る。本当に遠い。

9月11日

クイアバから車で移動。2時間ほどでパンタナル縦断道路のダート道に入る。その道に入った瞬間から乾季で干上がり小さくなってしまった水場が広がる。そこにはメガネカイマンやカピバラがウジャウジャといる。カラカラというハヤブサに近い猛禽が樹にとまっている。5メートルほどまで近づいても逃げない。野生動物を目にした瞬間は疲れも吹き飛ぶ。ロッジに着くやいなやすぐにベッドに横たわる。疲労困憊、荷物を開ける気もしない。

9月12日

朝、起きるとロッジの餌台にオオハシがきている。新大陸の熱帯を代表する鳥である。宿の前にもカピバラがいる。日本の動物園で温泉に入る姿がほほえましいが、ここではユーモラスな姿の中にも緊張感がある。

パンタナル縦断道路をさらに先に進み、クイアバ川と縦断道路の交差する場所で車を降りて、ボートに乗り、ジャガー探しが始まる。トラはゾウの上から探し、ライオン、チーター、ヒョウは車の上から探し、ユキヒョウはトレッキングで探すがジャガーはボートで探す。日中はかなり暑い。ちなみに今日から宿はパラグアイ川に接岸している客船だ。「地に足をつけない」ということはジャガーを探すことを言うのだろうか?

太陽が傾きかけ、暑さが和らいできた頃「ジャガーがいるらしい」とガイドから情報が入る。ボートで迷路のような水路を進むこと20分、川に10隻ほどの小舟が集結していた。ガイドがレーザーポインターを取り出す。双眼鏡でポインターの指すところを見るとジャガー紋が少し見えた。おそらく20年ぶり2回目、ジャガーとの再会だ。

1時間も待った頃だろうか。その間に顔が少しだけ見えた。さらにしばらく待つ。すると周りのボートが一斉にエンジンをかけて上流へと向い始める。上流で他の個体が目撃されたらしい。10分かけて上流へ向かうとまた同じようにボートが集まっている。そこには叢の中で寝るジャガーがいた。直線距離ならば400メートルも離れていない。

川岸の森の中からガウガルルというものすごいうなり声が聞こえる。2頭の雄が雌を巡って争っているらしい。完全には姿を見ることはなかったが、着いて数時間でジャガーに出会う!

オオハシ

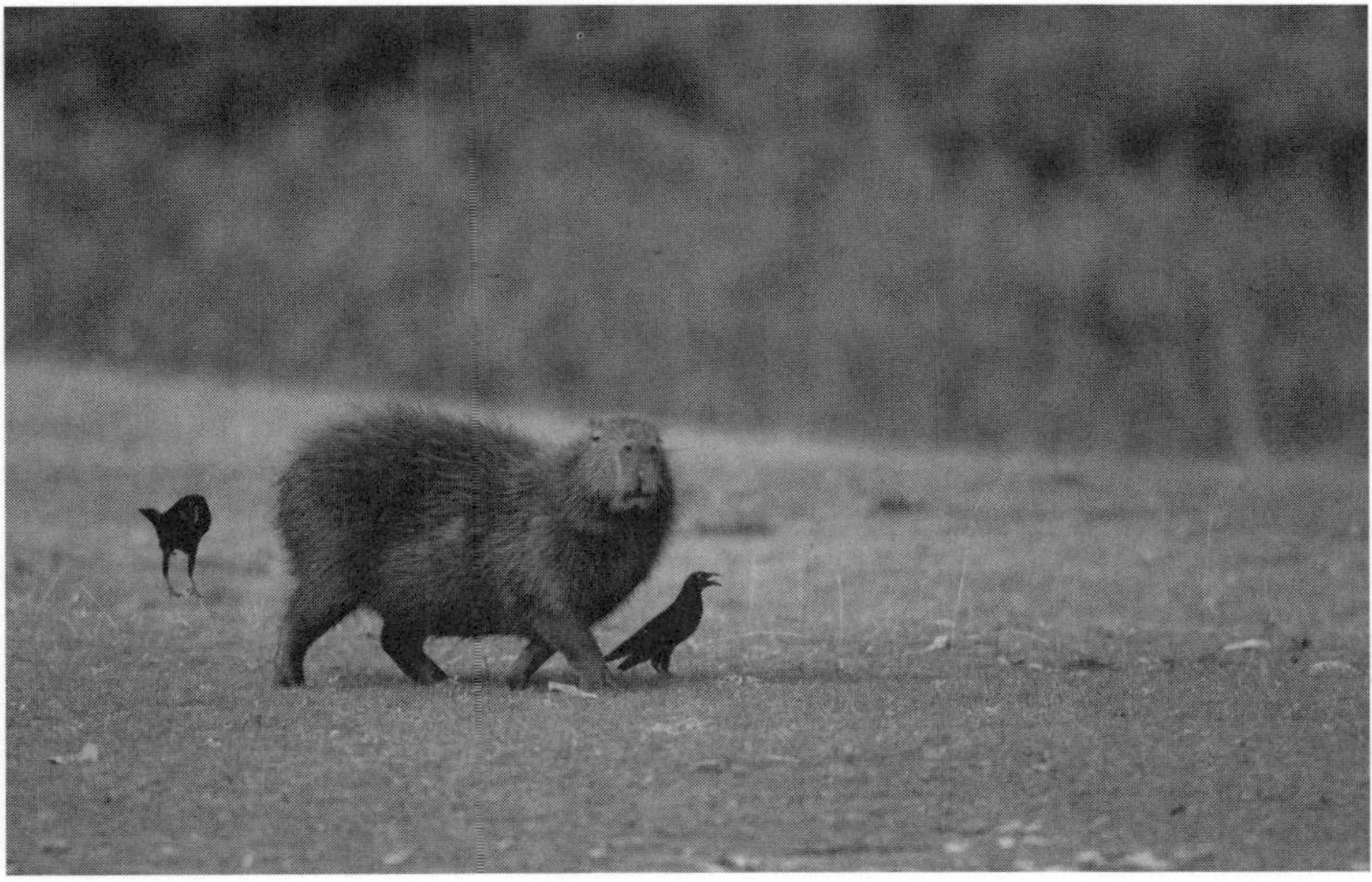

カピバラ

9月13日

朝飯を食べ、客船からボートに移る。午前中、オマキザルやオオハシ、カピバラ、ズグロハゲコウなどの写真を撮りながらゆっくりと進む。

昨日の夕方ジャガーを見た場所に近いところまでくる。また船が10隻ほど停留している。叢を見ると川岸を伏せながら歩くジャガーがいるではないか。ジャガーが顔を上げて1点を見つめる。その先には2匹のカピバラがいる。100メートル先のカピバラの方に行くようにガイドに指示し先回りをする。ジャガーの姿は見えなくなるが、観光客が乗る他のボートの動きでジャガーが近づいてきていることがわかる。

カピバラの方はというと、ムクドリモドキに背中についた虫などを食べさせていて、まるでマッサージを受けているように気持ちよさそうである。ジャガーにはまったく気づいていない。

身を隠すのにちょうどいい樹の根が盛り上がっているところがあり、ジャガーの耳と顔の半分が見える。獲物を狙っていつ飛び出してきてもいいようにファインダー越しに観察を続ける。

【ズグロハゲコウ】南北アメリカの熱帯地域に生息するコウノトリの一種でパンタナルの代表的な鳥である。

しかし、このジャガーはちょっと忍耐が足りない。餌欲しさのあまり、我慢しきれず顔を持ち上げてしまう。すぐさまカピバラは気づき、巨大なネズミのような鳴き声を一声だけ上げて川の中に逃げてしまう。ジャガーは獲物を逃し、私は決定的な写真の瞬間を逃す。

午後には、オオカワウソ、スズグロハゲコウ、クロホエザル、スミレコンゴウインコ、オマキザルの一種を見た。見るべきものが多すぎる。

【オオカワウソ】雄が体重26〜34キロ、雌で20〜26キロになる大型のイタチ科で本種のみ。オオカワウソ属に分類されるが、時に集団でメガネカイマンを襲うことがある。

【スミレコンゴウインコ】スミレ色の美しいオウム。パンタナルを代表する鳥である。

9月14日

ところで、ジャガーが人間を襲った記録はブラジルでは1回しかない。トラ、ライオン、ヒョウがヒトを襲った記録はあるのに、ヒョウよりも大きいジャガーに記録が少ない。パンタナルの乾季はジャガーにとって餌が豊富すぎるくらいにある。あえて今まで食べたことのないものを狙う必要もない。また南米にもともと大型の哺乳類が少なくジャガーが自分より大きい動物を狩ることが少ないから、人を餌とみなしにくいのかもしれない。

今日は右目を怪我した雄のジャガーに遭遇する。飽きるほどジャガーを観察し、飽きるほどカメラのシャッターを切る。幸福を感じる。

そして今日は珍しい鳥にも出会う。とても美しいアカハラミドリヤマセミを見る。「2年間ガイドしているが見るのは2回目だ」とガイドはと言う。さらに世界でもっとも美しいサギ、アカハラサギを見ることができた。ガイドが言うにはこちらも2回目らしい。感動を分かち合う。

9月16日

パンタナルにはカワセミが5種いるという。クビワヤマセミ、オオミドリヤマセミ、ミドリヤマセミ、コミドリヤマセミ、アカハラミドリヤマセミである。私が見ていないのはコミドリヤマセミだけである。

午前中に意気込んで出かけたが、なんとあっさりコミドリヤマセミの写真を撮ることに成功。さすが鳥の宝庫。これでパンタナルに生息するカワセミ全種を写真に収めることができた。

午後はジャガーを探しに出かける。すると、川岸の砂浜に2頭のジャ

オオカワウソ

スミレコンゴウインコ

ガーがいる。雌と雄のジャガーである。雌がネコのように甘えて、雄の胸に頭をこすりつける。すると、雄が雌の上に乗って交尾が始まった。ガイドは交尾を見るのも2回めだと言う。「2年間もずっと船に毎日乗り続けてガイドをしているが、あなたたちを連れていっている時に初めて目にするものがあまりにもたくさんあって驚いた」と笑う。もちろん客を喜ばせるための常套句かもしれないが、たくさんの偶然の出会いをさせてくれたガイドに感謝する。

9月17日

帰途につく。車での移動の後、長い長い飛行機の生活が待っている。その機上でふと思った。「次こそはユキヒョウだ。チーターやジャガーを探したけれど頭の片隅からはユキヒョウが離れない。それに、インドのラダックでのユキヒョウの目撃情報が増えている。マイナス20度のテント生活がどんなに苦しくてもまた挑戦しないといけない。見ることができるまで挑戦し続けないといけない。

ジャガーの交尾

Q
ジャガーを見に行くには
どうしたらいいですか？

A

日本ではまだツアーは販売されていないようです。

現時点では日本からのツアー会社からジャガーを見に行くツアーは出ていないようです（近いうちに販売されるかもしれませんが）。

日本からだとガイドの飛行機代金や現地までの時間などがネックになり、高額になってしまいます。インターネットで検索すると、ジャガーを売りにしている現地のツアー会社が出てくるので、そこに申し込むのが早いかもしれません。ただし、英語の交渉力と勇気が必要かもしれません。

Q

ジャガーは狩りの仕方が特殊とお聞きしました。狩りの仕方をおしえて。

A
側頭部を噛み砕きます。

ライオンの狩りは喉元に食らいつき、窒息死させることが多いですが、ジャガーは強力なアゴの力で側頭部を噛み砕くと言われます。

ライオンは自らの体と同等か大きいものを狩りますが、ジャガーの生息地にはジャガーより大きい動物はほとんどいません。そのため窒息死させる必要がないとも言えます。

Q

ジャガーの名前の由来は？

A

「一突きで殺す者」という意味です。

ネイティヴアメリカンの言葉で「一突きで殺す者」のことをヤガーと呼びそれが語源となっています。コスタ・リカやパンタナルでは現地の人々はジャガーのことを「タイガー」と呼んでいました。

ユキヒョウの章

その3

2月28日

インダス川を下れば、以前、私がユキヒョウを探したギルギットへと着くはずだが、そこはインドから入国できない。ラダックはカシミール地方にあり、パキスタンの独立時に起きた領土問題を抱え、私が学生の時は行くのが危険とされていた場所でもある。今は安全になり、おかげでこの風光明美な場所を楽しむことができるようになった。

途中でウリアルを見る。野生のヒツジである。ラダックにはブルーシープ、ウリアル、アイベックス、アルガリなどの偶蹄類がいる。パキスタンにいるマッコールはいない。残念ながら立派な雄のいるウリアルの群れとは会わない。

レーの街にはモスクとチベット仏教寺院がある。チベットのアジア系の顔つきをした人が多い。いくつかのゴンパと呼ばれる寺院を通過する。青い空にむき出しの大地とゴンパは異国情緒たっぷりである。

ついに私は3回目のユキヒョウ挑戦を決意した。トラを探しに来て以

【ラダック】 ラダックはヒマラヤとカラコルムに挟まれたインダス河源流部で高山地帯である。

【ゴンパ】 チベット仏教僧院。ラダックには多数のゴンパがあり、シェイ・ゴンパ、テイワセ・ゴンパ、ヘミス・ゴンパ、アルチ・ゴンパ、ストンデ・ゴンパ、ラマユル・ゴンパが有名。

ブルーシープ

ウリアル

アイベックス

来8年ぶりのインドのニューデリー空港を訪れて、まず空港の近代化に驚く。驚いているのもつかの間、レーへと飛ぶ。2002年からユキヒョウのツアーガイドをしているJとそのチームに会う。

3月1日

現地に着く。ユキヒョウの観察例が多いルンバック谷だが、今年は目撃例がほとんどない。しかし、西側に2時間ほど車で移動したところにある村でこの数日間、ユキヒョウが目撃されているという情報を聞きき、さっそく向かう。なんと今まさにヒツジが襲われ、まだユキヒョウがヒツジ小屋の中にいるという。インダス川に落ちそうな崖に作られた道でアクセルを強く踏み、村に向けて飛ぶように車を走らせる。

村に到着し、ヒツジ小屋に案内されると3匹のヒツジが血を流し倒れていた。ヒツジ小屋の隣の石を積み上げてつくられたヒツジの餌小屋の中にユキヒョウは逃げ込んだそうだ。そこにいた人がiPadで撮影した動画を見せてくれる。1時間以内に撮影したものである。

「俺の大事なヒツジを殺したユキヒョウを殺せ！」と激しく怒る男性や「ユキヒョウは神様だ。守るべきだ」と言っている若者、村中の人たちが小屋を囲んでいる。

ユキヒョウが隠れている小屋の積み上げられた石を引き抜く。のぞくとユキヒョウの顔が現われる。その後、しばらく村で喧騒が続いたが、野生動物管理局の役人たちに手際よく捕らえられ、車に乗せられどこかへ連れていかれてしまった。

憧れ続けてきたユキヒョウのとの初めての対面がこれか……。

私が見たいのは完全な野生の姿である。だから、これを「野生のユキヒョウを見た」ことにするのはやめよう。

ヒツジ小屋に入って村人に石を投げられ殺されるユキヒョウも多いという。ヒツジは大事な生活の糧であるから仕方ないが、共存の道はないのだろうか？

その村にある谷を少し歩く。すると若いアイベックスの死体を見つけ

る。数日前にユキヒョウが狩って食べたのだろう。雪にユキヒョウがアイベックスを襲った場所、倒して息の根をとめた場所、岩の下まで引きずった道筋がはっきりと記録されている。捕まえられたユキヒョウとは違うユキヒョウがまだいるのか？　気になるが、高山病で頭が痛い。腹痛もする。

3月2日

朝、昨日のアイベックスの死体を見に行く。ユキヒョウの足跡がある。おそらくユキヒョウは、昨日私達をどこかから見ていたであろう。村でヒツジ小屋に入ったのとは別個体だ。周辺を歩くとオオカミの足跡とともにユキヒョウの足跡もある。数頭のウリアルは見つかるがユキヒョウは見つからない。遠くでオオカミの鳴き声が聞こえる。双眼鏡やフィールドスコープで丹念に山肌を見てユキヒョウを探しながら一日歩くが見つからない。

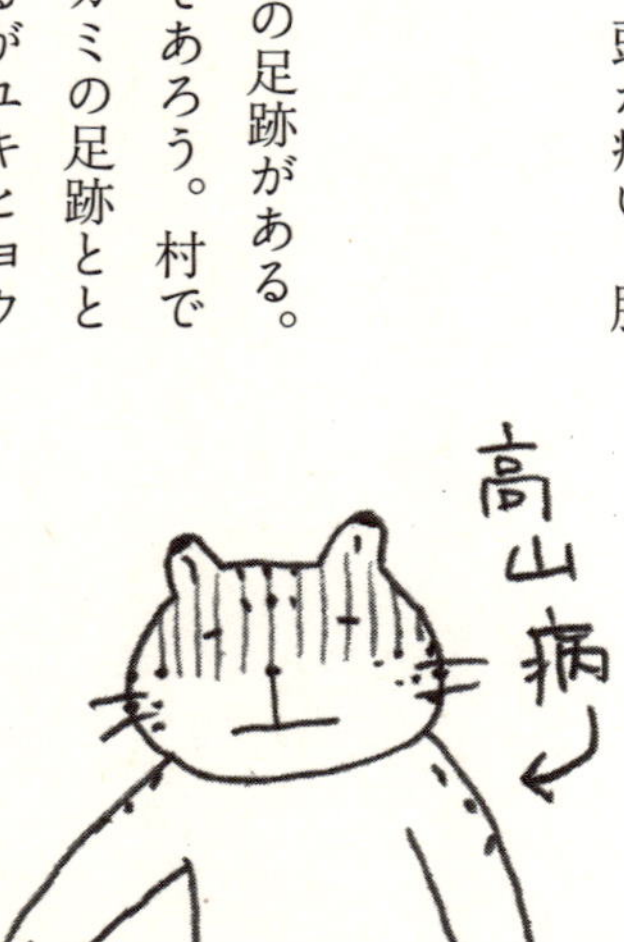

3月3日

朝、またアイベックスの死体を見に行く。ユキヒョウは来ていない。「おそらく食べ尽くしてユキヒョウはどこかにいったのだろう」とJが言う。村に近いところで探すより、ヘミス国立公園の中でユキヒョウを探す方が見ることのできる可能性は高いだろう。

ユキヒョウの目撃で有名なルンバック谷の隣のストック谷へ移動を開始する。誰もその谷でユキヒョウを探したことがないにもかかわらず移動するのは、今年はルンバック谷で見つけられそうもないので、一種の賭けに出たためだ。キャンプ地を決め、少し休んだ後、谷を探索する。さっそく最近ついた足跡が見つかる。まだ乾いていない糞と尿スプレーの跡も見つかる。どうみても今日のものだ。期待が膨らむ。ただ高山病と下痢で頭が痛く、お腹も痛い。

その夜、ちょうど日付けが変わったか変わらないかの頃である。テントの中からはっきりとネコが繁殖期に鳴く赤ちゃんの泣き声のような声をもっともっと低くした声が対岸斜面から聞こえてくる。ユキヒョウに違いない。

アーウ　アーウ　アウ……。

とっさに寒い外へと飛び出す。見えるのは何万の星と真っ黒な対岸の山影だけだ。ユキヒョウの姿が見えるはずもない。テントに入っても声は聞こえるので興奮して寝つけない。そしてとうとうユキヒョウは谷下の方に移動してしまったようだ。声が消える。

3月4日

朝5時半、朝食を食べる。明るくなった頃、谷下へと向かう。標高３８００メートル、ただでさえ体が重いのに下痢を患いすぐに息が切れる。ユキヒョウはもしかしたら尾根を越えて、一つ北側の谷筋に入ったのかもしれない。斜面を登りユキヒョウの痕跡を探す。3時間ほどかけて登るが足跡などは見つからない。

しばらくすると、私が3時間もかけて登った斜面を下からコックのGが登ってくる。ピョンピョンと斜面を飛ぶように、温かい紅茶が入った

魔法瓶を両腕に提げながら。

1回目と2回目のユキヒョウ挑戦のことが頭に過る。

「またも近くにいながら見ることができないのか！」「こんな大変なことをして、全財産をつぎ込んで、なぜユキヒョウを見ようとするのか？」と、そんなことを考えていたその時、谷の上流からブルーシープの群れがこちらに向かって歩いてくるが見える。こちらに警戒しないでどんどん近づいてくる、と思ったら、反対斜面を向いて警戒声をあげる。

「警戒声ということは、どこかにユキヒョウがいるんだ！　反対斜面にユキヒョウがいるはずだ！　ブルーシープには見えている！」

キャンプにいる者全員が双眼鏡やスコープを使って斜面を舐めるようにユキヒョウを探す。「いた！」誰かが叫ぶ。

ユキヒョウを追いかけること7年、45日間、マイナス20度のキャンプで過ごした記憶が走馬燈のように駆け巡る。それが報われる時がついにくる。岩に見えていたものが、魔法が解けたようにユキヒョウになる。キャンプからわずか300メートル、反対斜面の陽だまりに2頭のユキヒョウが丸まって寝ている。毛皮の色が岩にそっくりである。「これほどまでに岩に隠蔽されるのか！」

2頭のユキヒョウは17時ごろから起きて2頭で仲睦まじくじゃれあう。そして、交尾を始める。約10分の間隔で17時から暗くなって見えなくなるまでの18時の間に5回の交尾が観察される。雄は右目に少し傷があるようで半分開いていていない。そのまま暗くなる。

ユキヒョウの交尾は数日行われるという。その間は飲まず食わずであまり移動もしない。翌日もユキヒョウを見ることができるかもしれない。

3月5日

午前5時、太陽で空が少しずつ明るくなった頃に望遠鏡を覗くと、2頭のユキヒョウが昨日と同じ斜面の500メートル上流側で休んでいるのを見つける。しかし、前日に見た右目に傷のある雄とは異なる個体がいる。昨日の雄より若そうで顔が黒く左後ろ足を引きずって歩いている。

夜間に雌を巡ってユキヒョウの雄同士が闘っていた可能性が高い。

2頭は少し上流へと移動する。一緒に暖かそうな陽だまりで昼寝を始める。その姿はネコと変わらない。その日はほぼ一日ユキヒョウの観察に時間を費やす。夕方になり2頭で仲良く斜面を上流方向へ移動し始め、辺りが暗くなりとうとう見失う。

3月6日

早朝にベースキャンプから歩き始め、ユキヒョウを望遠鏡で探す。尾根上を歩いてるユキヒョウを発見するが、すぐに尾根上の石裏に隠れてしまう。たぶん昼寝を始めたのだろう。そこまで近づいて写真を撮るために隠れながら谷筋から上へ上がり、また3時間かけて斜面を登る。カメラという重いものを持ちながらの標高4000メートルでの急登はなかなか大変である。

尾根まであと少しというところで谷底にいるメンバーから無線が入る。「ユキヒョウが歩き始めている」どうやら音か匂いで気づかれてし

まったようだ。もちろん写真は撮れない。野生動物を追いかけるところいった骨折り損はつきものである。ユキヒョウからはまったく見えるはずのないルートを選んだが、匂いや斜面を登る時の小さな落石などで気づいてしまったのだろう。

【ビャクシン】ヒノキ科の針葉樹の一属。ネズミサザ属とも呼ばれる。

3月7日

ブルーシープはかなり近くにいるが、私を見ても逃げない。おそらくチベット文化は人が生き物を殺すことを禁じているから、草食動物達が人を恐いものと認識していないのだろう。1回目や2回目のパキスタンでユキヒョウを探した時は、草食動物に近づくこともできなかった。

地名にはヘミシュパチャン（ビャクシンの多い谷）という名の場所もあるが、谷の中に針葉樹のビャクシン属の樹をまったく見かけない。生えていても1本か2本しかない。これはおそらくビャクシンの樹をお香として長年利用していたために樹が切られてしまったからだろう。そのためにパキスタンには生息しているフジイロムシクイやムササビの仲間がいない。人間の自然との接し方が動物の分布を変えている。人も動物の1種であり、他の生き物に影響を与え、そして与えられ生きている。

ユキヒョウを探しているとワシミミズクを見つける。きっと幸運を呼んでくれる。

3月8日

一日中、ユキヒョウを探す。今日は見ることができないかと諦めかける。夕方に雌のみ確認する。この時期はユキヒョウの繁殖期である。夕方ガイドの一人がユキヒョウの鳴きまねをする。すると尾根上に休んでいたユキヒョウが立ち上がってこちらを見た。2キロも離れているが望遠鏡で覗くと目が合う。私も真似してユキヒョウの鳴き真似をする。するとまた雌が立ち上がり今度は岩の上にまで登り、まわりの様子を見る。ユキヒョウとコミュニケーションが取れるなんて感激だ。しかし、遠すぎて写真にならない。

3月9日

昼までユキヒョウの情報はまったくない。怪我している巨大なブルーシープの雄に会う。ユキヒョウに襲われるのも時間の問題かもしれないが必死に生きている。5メートルまで近づいても逃げない。

途中で谷底のまばらな草を食べるブルーシープの小さな群れを追い越す。14時過ぎに岩壁の隙間から暖かい太陽の光が差している場所に、炬燵で暖をとるネコのようにユキヒョウが寝ているのを発見する。体のほんの一部しか見えない。見つけられたのは奇跡的である。ユキヒョウのいる斜面の反対側を登る。北斜面は日が当たらないので、氷と雪で包まれた岩で寝ているユキヒョウを観察する。距離にして150メートルほどである。近い——。

谷底には氷ではなく水が流れている場所がある。水があるから、おそらくブルーシープが水を飲みに来る。それを待っているのだろう。

反対斜面を少し登るとユキヒョウの姿がより見えるようになる。右目に傷があることから初日に交尾をしていた雄の方と考えられる。雌を

巡って他の雄と戦ったのだろう。交尾をしている時の数日間は何も食べていないはずだから、それから狩りに成功していないならばかなりお腹を空かしているに違いない。

3時間ほど待つと下流から追い越したブルーシープの群れが向かってくるのが見える。足を怪我した個体もいる。信じられないことが起きる予感がする。

遠方に見えていたブルーシープの群れが開けた場所で午前中に食べた食物を反芻し休んでいる。夕方になり、ブルーシープの群れが動き出したのと時を同じくして、岩壁の隙間で休んでいたユキヒョウが動く。斜面を登り、少し見晴らしの良い場所に移動し、そこに生えていた藪の中に入ると、岩と同化したように見えなくなる。ブルーシープがユキヒョウから見て眼下の谷に近づいてくる。ブルーシープはユキヒョウとは対岸の斜面にいる私の方を気にしているようで、ユキヒョウにはまったく気づいていない。ユキヒョウが上からブルーシープを俯瞰するように見た後、腰を低くしてブルーシープに近づき始める。すぐにユキヒョウの姿は岩影で見えなくなる。どこからかブルーシープを仕留めるために近づいているのは確かである。ブルーシープの群れをファインダーに入れ、いつでもシャッターを切れるように待つ。ブルーシープが私の方を見ながら前を通過していく。15分ほど待つ。

ファインダーから目が離せないままの時間が続く。数枚ブルーシープを撮ろうとシャッターを切る。その時なんとブルーシープからたった7メートルほどの距離にユキヒョウがいるではないか。獲物を狙ってるためじっと動かないその姿は、岩とまったく見分けが付かず私は気づくことができなかったのだ。

もはや自分の心臓の音しか聞こえない。その瞬間をじっと待つ……。ファインダー越しに飛び出すユキヒョウを捉える。ブルーシープの警戒声とともに砂煙が立ち、その獲物が走り出すと同時に夢中でシャッターを切る。

ユキヒョウは直線的にブルーシープに飛びかかったのではない。ブルーシープ5個体の中から一番小さいのに狙いをつけ、最短距離ではなく進行方向に向かって飛び出したのだ。それによってブルーシープは後ろ側へ、背後に逃げようとする。そのためには体を後ろに返してターンしなければならない。

単純な駆けっこでは、ユキヒョウはブルーシープにかなわない。しかしユキヒョウには体のバランスをとる大きな尻尾がある。この尻尾はどのネコ科よりも大きい。尻尾をバランサーに使って、短い距離で素早くユキヒョウは向きを変えることができるのだ。

最短距離を追うのではなく、わざと獲物の前側に出ることによって、後ろへ向きを変えさせ、向きを変えることを余儀なくされた時間を活用し、素早いターンで距離を縮める。

ユキヒョウとブルーシープが本当に掌に届きそうな距離まで近づいてくるのがファインダーを通して見える。しかし、追っているのが真後ろすぎる。おそらくユキヒョウはその時狩りが失敗したことに気づいていただろう。肉食動物が草食動物を襲う時、真後ろからは襲わない。偶蹄目の後ろ脚の蹴りによって骨が折れたら、次の狩りができなくなり、それは肉食獣にとっては死を意味する。また真後ろからとびかかっても偶蹄類のお尻を押すだけになりバランスを崩すことにはならず、走っている速度を遅くすることはできない。

チーター以外の捕食者は基本的には足が短く、草食動物の走る最高速度にはかなわない。初速のダッシュが肝心である。追いついた時に後ろから押したのでは爪で傷はつくかもしれないが逃げられる。斜め45度あたりから襲うことによって、横からの力が働き草食獣は前に走るバランスを崩し、肉食獣に倒される。そして肉食獣は喉元を噛んで呼吸をできないようにするか、首を噛んで神経を壊す。

ブルーシープは間一髪で逃げ切る。追いかけた時間は僅かに1秒で、20メートルも追っていない。おそらくユキヒョウは空気の薄い環境にいるから、他のネコ科よりも走ることのできる距離は短いだろう。爆発的な瞬発力で獲物を狩るしかない。そのためには獲物に数メートルのところまで気づかれずに近づかなければならない。毛皮がここまで岩と氷の世界に溶け込まなければユキヒョウは生きていけない。

狩りは失敗に終わる。ユキヒョウはブルーシープを追ってカメラを構える私の方に飛び出した。狩りが終わると、息を整えるためなのかユキヒョウは座り込み脚を舐めたりしている。その時の私とユキヒョウとの距離は50メートルくらいである。本当に近い!

ブルーシープは警戒声をあげながら斜面を上へ上へと歩いていく。ブルーシープの方がユキヒョウに比べスタミナがあり、斜面の上側にいれば襲われないことを知っている。

夢中でシャッターを切ったカメラには、ユキヒョウがブルーシープを追いかける姿が捕らえられている。8年間いつもユキヒョウのことを想っていたクライマックスである。(巻頭の写真参照)

7年をかけて、とても個人的なユキヒョウを見るという目標を達成する。何の意味があったのか？　今までの人生において多くの失敗をし、多くの迷惑をかけ、多くの恥をかき生きてきている。その中で、誰も認めてくれなかったとしても自分の心のなかに一つ誇りにできるものを多分つくった。そして、運に恵まれただけかもしれないが、それでもおだてられた豚が木に登ったように心に勢いが出る。自信なのか盲目なのかは私には判断できない。

写真いっぱい
撮れた～

Q

ユキヒョウを探しに行く時にはどんなものが必要？

A

結構いろいろ必要なのでリストをつくりました。参考にしてください。

□雲台
□ザック 80L
□スポーツバッグ
□尻用パッド
□変換器（電源）
□アーミーナイフ
□ソーラーパネル
□テント
□マット

〔備品〕
□筆記用具
□爪切り
□耳かき　綿棒
□歯ブラシ
□髭剃り
□クリーム
□水筒
□パルスオキシメーター（※2）
□カイロ
□サングラス

〔薬〕
□ダイアモックス（※3）
□葛根湯
□軟膏
□日焼け止め
□リップクリーム
□ビタミン剤
□目薬
□スポーツドリンク（粉末）
□非常食
□トイレットペーパー
□ウエットティッシュ
□チャック付きビニール袋

〔貴重品〕
□パスポート
□ US $
□イーチケット
□連絡用紙
（病院、保険などの連絡先を記してある）
□保険証
□携帯電話（充電器）
□ iPad

〔衣類〕

□ダウンジャケット（厚）
□ダウンジャケット（薄）
□ダウンパンツ
□オーバーパンツ
□冬用山靴
□防寒用下着上下 × 2
□トランクス × 6
□長袖シャツ × 4
□ズボン × 2
□靴下（厚手）
□靴下（普通）
□手袋（インナーグローブ）
□手袋（オーバーグローブ）
□テントシュー
□防寒帽子
□スパッツ
□タオル

〔カメラ機材〕

□ D4
□ D800
□ D4 電池 × 2
□ P900
□ D4　充電器
□ D800　電池・充電器
□エネループ ×40
□エネループ充電器
□フラッシュ
□ 500㎜ F4
□ 1.4× テレコン
□クイックシュー × 2
□ 80-400mm レンズ
□広角レンズ
□カメラ掃除用品
□カードリーダー
□ SD カード
□ CF カード
□外付け HD

〔その他機材〕

□ヘッドランプ
□懐中電灯
□ランタン
□シュラフ
□時計
□スワロ（※1）　スコープ
□スワロ　双眼鏡
□ GPS
□三脚

※1　SWAROVSKI
水晶細工が有名であるが双眼鏡もつくっている。高価なことだけあって良く見える
※2　血液中の酸素濃度を測る。高山病予防のため自分の状態を把握するのに必要
※3　高山病予防の薬

Q

こらえてじっと待つなら極寒と熱帯、我慢できるのはどちらですか？

A

個人的には寒い方が耐えられそうです。

極寒は装備でなんとかなります。温度が高く暑く蚊が多いのは耐えがたいです（個人の感想）。

しかし、どちらにもそこに魅力的な野生動物がいれば行くしかありません。

Q

どれくらいの予算があればユキヒョウを見に行けますか？

A

12日間で60万円くらいです。

実はユキヒョウを探すツアーを「風の旅行社」や「西遊旅行」にお願いして作っていただきました。日本発着、12日間で60万円くらいですね。

野生動物ツアーは専門性が求められるのでガイドへの報酬や国立公園の入園料などで高くなりがちではあります。

Q

ユキヒョウを見に行くためには、日頃から体を鍛えておいた方がいいでしょうか？

A

富士山に登れるくらいの体力があれば大丈夫。

ユキヒョウを探しに行く時に厄介なのが高地適応です。インドのレーの空港に降りた時にはすでに標高3600メートルもあるのです。呼吸を浅くしないように心がけています。体を鍛えている人に酸素消費が多くなり、逆に高山病になりやすいという話も聞きます。

一概には言えませんが、山登りをして体力作りをしておくのはいいかもしれません。ちなみに富士山に登れるくらいの体力は必要かと思います。

【和名】ウンピョウ
【英名】Clouded　Leopard
【学名】*Neofelis nebulosa* (Griffith, 1821) / *Neofelis diardi*
(2008 年、ボルネオ島とスマトラ島のウンピョウは別種となった)
【体長】62 ～ 107cm
【体重】16 ～ 23kg
【分布】東南アジア、インド北東部

ウンピョウの章

大型ネコと聞いた時に私が思う種は7種あることを書いた。最後に扱うのがウンピョウだ。大型ネコは世界に7種いると説明していた雑誌を読んでから今までの間にウンピョウは、2種になっている。2006年にミトコンドリアDNAや頭骨の形態学研究からボルネオ島とスマトラ島に生息するウンピョウがスンダウンピョウ（Sunda Cloud Leopard）として種分化され、分類上2種になった。つまり大型ネコは2006年に8種になった。姿は似ているが、遺伝子的にはトラとユキヒョウよりも離れているという。

ウンピョウはネコ属、つまり小型ネコとヒョウ属の中間的特徴をもち、東南アジアの主に熱帯雨林に生息する。台湾にまで分布していたが、台湾のものは残念ながら絶滅してしまったと言われる。イリオモテヤマネコが発見された時、西表島の住民にはヤマピカリャーなる大型のネコがもう1種いると伝えられていた。台湾から遠くない西表島でヤマピカリャーはウンピョウでないかと考える者もいた。私も日本にウンピョウが生息することを夢見た一人である。

毛衣は暗灰色や黄褐色で、体側面に黒い縁取りのある不定形な雲のような斑紋と黒い斑点や縞が入るので「雲豹」と書く。日本のウンピョウの説明が書かれた文献を見る限り、どの本を読んでも樹上性と書かれている。私個人的な意見では樹上性と書くのは行き過ぎなのではないかと思っている。

また、犬歯が発達していて、現存のネコ科で最も長い犬歯を持っている現代のサーベルタイガーでもある。

ネコなのだから樹にももちろん登るだろう。しかし、樹上性と書くとほとんど樹から下りることのない同じく東南アジアに生息するオラン・ウータンを想像してしまう。実際に私は図鑑を見ながら小さい時はウンピョウに夢を馳せ、熱帯雨林の樹高70メートルの樹の上を飛び移って移動し、サルを捕まえるような妄想をしたこともある。

しかし、チーターの爪が速く走るために出し入れできなくなったように、ウンピョウは爪が強化され、樹を掴むことができるようになったり、長い尾を巻き付けて手足を樹から離すような芸当ができるようになったりまではしていない。

樹上で休んでいるウンピョウは多く観察される。しかし、樹上で休むならヒョウも、ライオンの一部も休む。樹上から地表を通りかかった獲物を襲うとも言われるがジャガーやヒョウも同じように樹上から獲物を狙うことがある。行動圏の見回りなどの移動は地表を動くようであるから、樹上生という言葉が今ひとつしっくりこない。動物園で行動を観察していても檻の中の樹の上で寝ることはあるが、基本的には地面で寝て、地面を歩き回っている。日本の図鑑や動物園にある説明書きの樹上性という説明を全て変えたい。

ユキヒョウも分かっていないが、ウンピョウの生態はさらに分からない。

ウンピョウの撮影はユキヒョウより難しい。実際、世界にも野生のウンピョウの写真はほとんど出回っていない。大学院を辞める決意をした頃に取材の三脚持ちをすることになり、マレーシア、ボルネオ島のダヌン・ヴァレーに6週間滞在した。もう14年も前になる。その時ダヌン・ヴァレーの宿泊場所の使用人たちの家にあった鶏小屋にウンピョウが現れた。それから道路を渡るのを夜間に一度だけ見た。

今、もっとも撮影を挑戦したい動物である。調べてはいるがマレーシアは14年前より何倍も物価が高くなっており、何かしらの工夫が必要である。今後の課題である。

Q

「ウンピョウ」ってちょっと珍しい響きですね。

A

漢字では「雲豹」と書きます。模様が雲状ということらしいですが、雲の豹、かっこよくないですか？

Q
ウンピョウが一番得意なことは何ですか？

A

謎です。まだ生態があまりよく分かりません。

ただ大型ネコ科の中では最も小さいです。その分、より細い樹に登ることができたりするでしょう。大型のネズミや鳥などの小さめの生き物を狙うことが恐らく他の大型ネコに比べて多いでしょう。

Q

見るのがもっとも難しいと言われているネコ科なんですか？

A

今のところ一番難しいと感じています。

大型ネコ科7種を実際に探した経験からすると、ウンピョウを見るのが最も難しいと思います。ただし、ここ数年で幻と言われるジャガーやユキヒョウがその生態や居場所が明らかにされたことで見やすくなっています。ウンピョウにもそんな時が来るかもしれません。

Q
ウンピョウは
どうやって探したらいい？

A

教えてください。情報を求めています！

ボルネオのタビン国立公園の周りのアブラヤシ園には夜出てくることがあるそうです。

またブータン等の自動撮影機（トラップカメラ）を用いた調査でも撮影されていたりします。

まとめの章

ウンピョウを探すためマレーシアに滞在中、マラリアになった。決してマラリアになることは珍しいことではない。京都大学の研究室の周りでタンガニーカやチンパンジーの調査でアフリカに行っていたり、マダガスカルに行っていた先輩方の多くはマラリア経験者であった。

ひとくちにマラリアというが、実は90種以上もある。3日置きに熱が出る「三日熱マラリア」、「四日熱マラリア」、「卵形マラリア」……。症状が最も酷い「熱帯性マラリア」などに分類され、その中でもさらに何種類かに分かれる。

私がかかったマラリアは、ボルネオでは年に2~3例しかない「熱帯性マラリア」(「きみは宝くじを買うべきだよ」と医者に言われた)で、アフリカからマレーシアに入ってきたものだという。そして、その症状はマラリアの中でも最も重い。

夕方、悪寒が始まった。熱帯雨林にいるから気温は30度あるにも関わらず、むちゃくちゃ寒い。マイナス20度のテント生活など比ではない。もともと熱帯雨林行きの装備で来ているので、残念ながらエクスペデ

【マラリア】「悪い空気」という意味の古いイタリア語が語源。熱帯から亜熱帯に広く分布する。原虫感染症で年間2億人が感染しそのうち60万人が死亡しているという。ハマダラカによって媒介される。

ションクラスのダウンジャケットやシュラフを持ってきてないことが悔やまれた。熱が奪われないようにあらゆる布を集め、その中にくるまるのだが、体の震えがいっこうに止まらない。歯がガチガチと音を立てたまま、夜中の12時になっていた。

ようやく悪寒がおさまってくると、今度は暑くて暑くてどうしようもなくなる。氷風呂に飛び込みたいほどだ。そのまま意識をなくし、朝になる。朝起きると体は重いが元気である。病気の症状はまったくない。ところがまた夕方になるとあの苦しい悪寒が始まるのだ。

3日目になると全身の筋肉が痛くなり、悪寒に対する震えが痛みをともなうようになる。激痛である。

マレーシアの病院に入院した。他のメンバーは撮影のために熱帯雨林に入っており、連絡をとれるものがいない。蚊帳の中のベッドで点滴を受けながら数本の注射を打ってもらう。患者の数が医者一人あたりに対してかなり多く、一日のうちに病室に医者がまわってくるのは一回だけ、それも数分にも満たない。蚊帳の外は蚊だらけである。

5日ほど横たわっていると看護師さんが来て「治りました」と言われる。治っている割には立とうとしても体が重くて言うことをきかない。なんとか直立しても20秒もしないうちに疲れて廊下に尻をついて座り込んでしまう。それを繰り返しながらなんとか病院の外に出る。思考も鈍く現実感がない。その時タクシーが目に入った。手を振るとこちらに気づき車を寄せてくれた。後部座席に乗り込み、この町で最も大きなホテルへ行ってくれと告げて、ホテルで国立公園の事務所に私が病院を出たことを伝えるようメッセージを頼んだ。

部屋に入って、シャワーを浴びようとする。脱いで鏡に映った人物は私ではないようだった。あばら骨が浮き出て頬がこけ、ムンクの絵にでも出てきそうな顔をしていた。マラリアダイエットはとても効果的なことが分かる。190センチの身長であるのに体重は60キロまで落ちる。

それからとりあえずお腹は空いてないが、点滴をもうしていないのだからエネルギーをとらねばと思う。しかし、体は重く、立っていられるのは数十秒、その間に30歩くらい進むことができる。階段に何度も座りながら1階下のレストランに行く。サンドイッチとオレンジジュースを頼む。口を動かして噛むのも疲れて休みながら食事をとる。なんとかホテルの部屋を出て、サンドイッチを食べ、また部屋に戻るまで4時間の時間を費やした。しかし徐々に良くなってくる。

仕事を終えて、東京に戻って1週間もたたないうちに熱が出た。体温を測ると40度を超えている。マラリアが再発したかもと救急車をお願いし駒込病院の感染症の隔離病棟に入った。隔離病棟に入った2日目に姉の結婚式があり出席することができなかった。何もできなく暇なので友人にメールをしてみたところ3人から「マラリア原虫を顕微鏡で見てみたいから血をください！」と言われ、「おめでとうございます！　よかったですね」という返信もあった。持つべきものは友である。

また父には「もう行くな」と言われた。その言葉は私にはとても重かった。どれくらい重かったかと言えば、それから4年間も野生動物を見るために国外に出ることはなかったのだ。大学院も続けることができず、将来が見えず、穴に落ちたような気持だった。

付き合っていた女性に、どうしても遅れた卒業旅行がしたいと言われた時、アルバイト生活で収入が不安定だったので、貯金が減るのを内心では心配ながら「憧れのアフリカなら行ってもいい」と答えた。そしてアフリカでチータや他の野生動物を見ている時に、子が親のことを本当に想って最高の親孝行をするのであれば、何を置いても自分が幸せになることだと思ったのである。

野生動物の姿を見ている時、私は最高の幸せを感じられる。親に「もう行くな」と反対されて行かないことで不幸になるくらいならば、親孝行のためにはその反対を押し切ってまでも行くべきだ、と自分に言い訳を作った。それが本当に良いことかは分からない。私にはそれだけの業があった。

マラリアになりながらも6週間を熱帯雨林で過ごし、ウンピョウに15分ほど会うことができたその体験、それがなければ「見てない大型ネコはユキヒョウの1種類だけだから……」と三度も挑戦することはなかったかもしれない。中学生の頃にアニマという雑誌を読み、大型ネコは7

種だと信じなかったら目標にすることもなかったかもしれない（今の分類ではチーターはピューマと近いことになっているし、ウンピョウは2種であるし、かなり異なる）。大学3回生のコスタ・リカで奇跡的にジャガーを見ていなかったら追っていなかったかもしれない。などと可能性を考えればきりがない。

トラを見て、ユキヒョウを見ると決めてから7年。多くの人が追い求めて失敗もしたユキヒョウの交尾や、狩りのシーンを撮影することができた。動画は今までもあるが、静止画は世界初かもしれない。2000年にはNHKがユキヒョウを探しに同じラダックに入って、私が個人的に行う事に比べれば何百倍もの資金を費やしながら、見ることすらできなかった。野生動物とはそういうものである。それを見るだけの運が与えられた。運でしかないのに、私に勢いを与えた。

私は豚もおだてりゃ木に登るような気分で、インドから帰国後に写真を売り込む。世界的に有名な某雑誌社の編集室に電話をかけた。その雑誌に写真を載せようと野生動物の写真を撮っている者ならば一度は思う。今までは手が届かないと感じていた。

「ユキヒョウの写真がある。狩りのシーンや交尾のシーンは世界でもほとんど撮られたことがない。雑誌に載せる気はないか」

「写真をメールで送ってください。それを見て興味を持ったら会いましょう」

はたしてメールを出してすぐに返信があり、編集の方に写真を見せることになった。嫌でも期待してしまう。期待を膨らませて行ったが、待ち受けていたのは編集長の酷評だった。まずユキヒョウの写真を見て、

「わかりづらい」と……。

「ユキヒョウというカモフラージュした生き物の生態が分かるという意味でも貴重ではないでしょうか」私は食い下がった。「写真家はそのはっきりしないものを、はっきりさせて、見た人にわかるように撮るのが仕事でしょう。求めているのは1枚の写真を見て、文章や説明がなくとも全てが分かり物語が浮かぶような写真です」

それから私はユキヒョウ以外の写真も見せた。その中にはウーリー・

ムササビの写真やジャガーの交尾の写真、インドライオンや木登りライオンの写真だった。

「いろんな物を見ているのにとてももったいない。たとえば医者を引退して暇を持て余し、野生動物を見ながら世界を巡っているような方々でもこの写真は撮れるのではないでしょうか?」毎年、何万枚もの写真を見ている編集者は切り捨てる。

　確かに私は「写真家といえばカメラを扱う知識が必要だ。しかし、最近の一眼レフは素人でも美しい写真が簡単にとれるほど進化している。そして、生息地に行くまでは自分の努力であるかもしれないが、野生動物に会えるか会えないかは運であり、神様が決める」という気持ちで写真を撮っている。その気持ちが写真に表現されてしまうのか。それをおそらく見抜かれていた。

「あなたにしか撮れない、あなた以外には誰にも撮れない写真を持ってきてください」

「私にしか撮れない写真とはどういうものだろうか……」

酷評され、エレベーターに向かう間にこの7年かけて追いかけたユキヒョウが受け入れられないと落ち込んだ。そして、私は笑い始めた。

ちょうど雑誌社を訪問した前日、友人Mから「ユキヒョウを見るまでのことをまとめてみたら」と編集者を紹介され会っていた。

エレベーターでビルを下りながら、「ここへの訪問を最後に書けばまとまるかも」と本の構成を考えていた。今までの自分と違っているような気がした。私はしたたかになったのかもしれない。8年前の1回目にもしユキヒョウに会って写真を撮っていたとしたら、売り込んで断られた時に笑う余裕はなかっただろう。8年をかけることがなかったら、「本を書かないか」と頼まれたとしても本を書くほどの内容を自分の経験の中に見い出すのことができなかっただろう。

ユキヒョウを運よく最初の旅で見ることができなかったから、書くことができる。そうやって前向きに感じることができた。私は少なくともトラを探しに最初に飛び出した時より遥かに強くなっている。明日の仕事がないかもという不安や、貯金の少ない状態は8年前も今も変わっていない。それでも8年間で、自分の捉え方はかなり変わった。少なくとも、他の多くの友人にはない自由が私にはある。エレベーターでビルを下りながら、笑いながら、「この訪問を最後に書けばまとまるかもしれない」とつぶやいた。

その後、私は科学雑誌のNewtonとライフスケープにユキヒョウの記事を書かせてもらう機会をいただいた。

そしてこの本を書き始める。ユキヒョウを探し始めた時、ユキヒョウを見たからといって何かが変わることを期待はしていなかった。死ぬまでにもし見ることができたら、死ぬ時に笑えるかもしれないという想いで突き進んだ。

ユキヒョウを見るために現地で多くの方に会った。

インドのラダックでは家畜がユキヒョウに襲われている。パキスタンやその他の地域でも家畜に被害が出ている。そんな中で現地でユキヒョウを守ろうと動こうとしている人がいる。その方たちの助けがなければ私はユキヒョウを見ることができなかっただろう。何らかの形で恩返しできないだろうか？　ウガンダでＪＩＣＡの草の根事業の助成金等、国際協力のための助成金があるが、それを使うことができるかもしれないと考え始めていた。大学やＮＰＯ、ＮＧＯと協力すれば、助成金などを使って、現地でユキヒョウが家畜を襲う問題などを少しは良い方に向ける活動ができるかもしれない。その活動で現地にいる時間を増やすことができたら、その先に「自分にしか撮れない写真」という世界があるのかもしれない。

ユキヒョウと私の関係はやっと始まったばかりである。

Q
野生のネコ科大型肉食獣は絶滅危惧種なんですか？

A

ＷＷＦ（世界自然保護基金）によると17種類のネコ科動物が絶滅の危機にあります。

https://www.wwf.or.jp/

Q どうしたら野生のネコを守ることができますか？

A

まずは関心を持ちましょう。

そして、現地に赴きそのことによって現地にお金が落ちるようにすることが経済システムで数少なくなった動物を守ることができる可能性があることかもしれません。そして野生動物を見ると感動します。

Q
旅行に行って病気にかからないために、心がけておく最低限のことを教えてください。

A

日常的に体調管理をしておくことは大切です。

基本中の基本ではありますが、

◎行く場所にどんな病気があるのか調べ、適切な予防接種を受けること
◎人の多い所に行かないこと
◎蚊などにできるだけ刺されないようにすること
◎無理をできるだけしないこと
◎日頃から健康な生活をすること

心がけるといいと思います。

Q
野生動物を見に行くためには英語は必須ですか？

A

現地語で「野生動物が見たい！」と「飯をくれ」を覚え、あとは情熱さえあれば、たいていはなんとかなります。しかし、英語ができると便利ですね。

Q
国内でネコ科の野生動物を見たいです。

A

イリオモテヤマネコとツシマヤマネコが生息しています。

日本国内では、イリオモテヤマネコを固有の種として扱うことが多いですが、世界的にはベンガルヤマネコの亜種として扱われています。この二つの島でしかネコ科の野生動物を見ることはできないです。

Q
ネコをできるだけ大きく育てることはできますか？

A

肥満児に育てて太らせることはできます。
しかし、野性的で、スマートで、
愛らしくて、したたかで、
そして鈍くさいネコがいいと思います。
(僕は好きです)

おわりに

7年越しで人生初の野生のユキヒョウをこの目で見てから1年半が過ぎようとしている。その間にこの本を記していたのであるが、またもう一度ユキヒョウの生息地を訪れてもいる。激動の1年半だった。

ラダックから帰国後、ユキヒョウによる家畜への被害を少なくしようと活動を始めた。この本に登場したラダックでユキヒョウの保全活動やガイドをするJを招き、シンポジウムを開いて現地のことを伝えると同時にクラウドファンディングで寄付を募った。そんな中で、既にモンゴルでユキヒョウに関する活動を行っていたtwinstrustの双子の木下姉妹（姉は京都大学の研究者で妹は広告会社に勤務）、動物園関係者、研究者と知り合い、今まで1匹狼でいたのにチームとして活動を始めている。そして245人以上の方からの寄付をいただき、現地で家畜がユキヒョウに襲われないように屋根のある家畜小屋を作り、村人と一緒に標高4000メートルの地で肉体労働をしてきたのである。また日本人研究者とインド人研究者達によるユキヒョウの研究も始まろうとしている。

研究者になろうとしたが落ちこぼれ、大学院から逃げ、女性に袖にされたことによる自暴自棄も手助けし、エゴイスティックにユキヒョウを求めたことに始まって、結果的にはユキヒョウの保全活動を手助けし、そして、そのことによって現地の人との関係が深まった。そして現地の村人と親交することによって、ユキヒョウと、ヒマラヤの山々と、天の川が一緒に撮れるような、夢のような写真が夢でなくなるかもしれない。人生、何があるか分からない。

ところで、この本は教科書というタイトルになっているが、内容の中心は野生の大型ネコを探し求めた紀行文である。タイトルに教科書がついたのは友人であり大学院同期でもある松原始が書いた『カラスの教科書』が好評であったからで、内容とタイトルの相違の責任は松原氏にある。つまり彼の書がなかったら小生まで本を出すという話が回ってくることはなかったのだろうから、この腐れ縁には多いに感謝している。イラスト、編集を手掛けている植木さんがいなければこの本はもちろんなかっただろう。

そして、野生の大型ネコを好き勝手に追ったりすることができるのも、環境調査で小生に仕事を回してくれる方々、フリーランスという形態をとりながらも所属し一緒に仕事をする有限会社レイヴンの方々、ウガンダで一緒に働いた方々、ツアー会社の方やお客様、好きなことをしていることを許した両親、支えてくれる友人、大学の同期や大学院の研究室の仲間に助けられているからでもある。実名までは一人一人あげたら何ページにもなってしまいそうで実名までは出さないが、そんな多くの方々に心から御礼を申し上げたい。

また、この本を書きながら昨年に亡くなった姉の冥福を祈り続けた。人も生き物である。野生動物は常に生死と隣あわせに生きているが、本当は人も変わらない。死ぬまでやりたいことを追い求められるなら私は辛いことがあっても幸せに違いない。笑っていたいものである。笑う門にしか福はこない。

ウガンダコーブ

秋山知伸

有限会社レイヴン所属。

1973年生まれ。浜松湖東高校卒業。1994年〜1995年ロータリー国際親善奨学生としてニューメキシコ州立大学に留学。1996年、国際基督教大学教養学部理学科を卒業し、2001年に京都大学院博士課程単位取得退学。生態学を学ぶ。卒業後は各種の野生生物調査に携わる。2012年から2年間、ウガンダのアヤゴ水力事業の環境影響評書作成のためJICAの専門家として派遣される。その他に、野生動物写真家、ASAHI WEEKLYのフォトジャーナリスト、国内外の自然を案内するツアーガイドも行う。翻訳書に『生態学 第4版』(京大出版)

ネコ科大型肉食獣の教科書

著者：秋山知伸

発行日：2016年10月15日 第1刷発行

発行人：柳谷行宏

発行所：有限会社雷鳥社

〒167-0043 東京都杉並区上荻2-4-12

tel 03-5303-9766　fax 03-5303-9567

http://www.raichosha.co.jp

info@raichosha.co.jp

郵便振替：00110-9-97086

編集・ブックデザイン・イラスト：植木ななせ

写真：秋山知伸

章扉イラスト：石川 遼

印刷・製本：シナノ印刷株式会社

定価はカバーに表示してあります。

本書で使用されている写真、イラストおよび記事の無断転写・複写を固くお断りいたします。

万一、乱丁、落丁がありました場合はお取り替えいたします。

©Akiyama Tomonobu 2016　Printed in Japan

ISBN978-4-8441-3713-9 C0045

ユキヒョウ

ジャングルキャット

アカゲザルの子

ライラックニシブッポウソウ

ブラックバック

インドのヒョウ

カラハリのライオン

B2 の後ろ姿

チーターの親子と夕焼け